U0321983

单木树冠遥感法提取原理与技术

甄 贞　赵颖慧　编著

科学出版社

北 京

内 容 简 介

　　本书基于国内外大量单木树冠提取的相关研究，围绕这一主题，深入浅出地介绍了利用遥感技术进行单木树冠提取的相关理论和方法。本书共分为7章，包括绪论（第1章）、遥感平台与主被动遥感技术（第2章）、单木树冠提取的遥感数据源（第3章）、单木树冠提取方法（第4章）、单木树冠提取的其他问题（第5章），以及单木树冠提取实例（第6～7章）。本书既包含单木树冠提取原理、基本方法，又包含实例型研究，实用性较强，是一本比较全面地介绍单木树冠提取原理、技术、方法和应用的学术专著。

　　本书主要面向进行单木树冠提取相关理论、技术及应用研究的本科生、研究生、教师及科研人员，可作为林业遥感及其相关专业学生学习和巩固专业知识的课外阅读资料，也可作为科研工作者和林业相关部门的参考用书。

图书在版编目（CIP）数据

单木树冠遥感法提取原理与技术/甄贞，赵颖慧编著. —北京：科学出版社，2017.5
　ISBN 978-7-03-052670-0

　Ⅰ.①单… Ⅱ.①甄… ②赵… Ⅲ.①林冠-单株立木测定-遥感技术
Ⅳ.S758.1

　中国版本图书馆CIP数据核字（2017）第096575号

责任编辑：王玉时　文　茜 / 责任校对：王晓茜
责任印制：吴兆东 / 封面设计：迷底书装

科学出版社 出版
北京东黄城根北街16号
邮政编码：100717
http://www.sciencep.com

北京中石油彩色印刷有限责任公司 印刷

科学出版社发行　各地新华书店经销

*

2017年5月第　一　版　开本：720×1000　1/16
2017年5月第一次印刷　印张：10
字数：152 000

定价：59.80元

（如有印装质量问题，我社负责调换）

编写人员简介

甄贞：1984年生人，博士，东北林业大学森林经理学讲师。2007年毕业于东北林业大学林学院地理信息系统专业；2010年，获得东北林业大学森林经理学硕士学位；2013年获得纽约州立大学森林资源管理学博士学位，研究方向为监测、分析与建模；同时，获得纽约州立大学环境资源工程学硕士学位，研究方向为空间信息科学与工程。2013年9月回国工作，从事单木树冠提取、空间统计模型与抽样技术的研究及教学工作，现主讲"抽样技术与建模""遥感物理"和"地理信息科学专业英语"3门本科生课程。主持国家青年科学基金项目1项和中央高校基本科研业务费专项基金项目1项。发表英文学术论文6篇，其中以第一作者发表SCI/SSCI共5篇；发表中文学术论文9篇，其中以第一作者或通讯作者发表核心期刊论文共4篇。2015年1月至今，为SCIE收录杂志"GIScience & Remote Sensing"（影响因子：2.482）的编委会成员。

赵颖慧：1976年生人，博士、博士后，副教授，硕士研究生导师。1999年，获得东北林业大学林学专业学士学位；2003年，获得东北林业大学森林经理学硕士学位；2006年，获得东北林业大学森林经理学博士学位，研究方向为数字林业。同年，任教于东北林业大学林学院，主要研究方向为数字林业、林业遥感与地理信息系统。主讲"地理信息系统实验""GIS设计与开发""网络GIS"3门本科生课程和"GIS开发"1门博士生课程，多次获得东北林业大学教学质量优秀二等奖。工作期间，主持国家级科研项目5项、地市级科研项目3项，参加省部级科研项目10余项；曾获教育部科技进步奖二等奖2项，获得计算机软件著作权4项，在国内外学术期刊上发表论文10余篇。2010年，主编教材《地理信息系统实验教程》，共计387千字。

前　言

　　单木树冠提取是精准林业的重要组成部分，能否准确提取树冠，直接影响冠幅和胸径、郁闭度、冠层结构、林分高与生物量、树种分类以及林分生长量等单木及森林参数估测的准确性。利用遥感技术进行单木树冠提取对森林调查和精准林业的进一步发展有着至关重要的科学研究意义。近年来，随着遥感平台和数据源的不断丰富，寻找一种客观、高效、准确的单木树冠提取方法也受到了林业、遥感与地理信息科学及计算机视觉等不同领域学者的高度关注。

　　基于遥感技术进行单木树冠提取的精度不仅仅依赖提取方法，很大程度上还取决于使用数据的质量、特点和森林类型。一个简单的、可重复的精度评价过程同样至关重要。由于林地环境复杂，遥感数据多样，不同的方法通常具有不同的工作特性和适应情况。国内大多数的单木树冠提取研究还是集中在比较简单、规则或郁闭度不高的林分中，应用范围窄，自动化程度不高，技术手段不完善，和国外相比仍具有较大差距。随着遥感数据和技术手段的日新月异，单木树冠提取及其在森林调查中的应用面临着前所未有的机遇和挑战。我国应该抓住机遇，在现有理论与实践的基础上加大这项基础应用的研究力度，缩短国内外研究差距，将单木树冠提取技术应用到现代化的森林经理实践中。

　　根据单木树冠提取的主要内容和技术特点，本书共分为7章。第1章为绪论，介绍了单木树冠提取的背景知识；第2章为遥感平台与主被动遥感技术，介绍了5个遥感平台和主被动遥感的基本技术原理；第3章为单木树冠提取的遥感数据源，介绍了被动、主动以及主被动数据相结合进行的单木树冠提取；第4章为单木树冠提取方法，介绍了单木树冠提取方法的发展、基于主被动遥感数据的单木树冠提取方法，着重介绍了基于激光雷达（LiDAR）数据的单木树冠提取方法；第 5 章为单木树冠提取的其他问题，包括在不同森林类型下的单木树冠探测与勾绘（ITCD）研究、精度检验方法、存在的问题及展望；第 6～7 章为单木树冠提取实例，包括基于标记控制区域生长法（第 6 章）和基于 Agent 区域生长法（第 7 章）。本书的撰写工作由甄贞组织，全书由甄贞和赵颖慧统稿并定稿，研究生李响、郝元朔等进行了图表和书稿文字的整理工作。

本书得到了国家自然科学基金资助项目"基于多元遥感数据及树木竞争机制的三维单木树冠提取"（31400491）和中央高校基本科研业务费专项资金项目"基于多源遥感数据和旋转森林的树种识别研究"（2572016CA01）的资助。本书也得到了东北林业大学林学院院长李凤日教授、森林经理学科负责人范文义教授及首都师范大学柯樱海副教授对部分内容的指导，在此表示感谢！

由于编著者水平有限，书中难免出现不足之处，敬请读者批评指正。

编著者

2017 年 1 月

目　　录

CONTENTS

第7章 ITCD实例：基于Agent区域生长法的单木树冠提取 / 101

第 1 章

绪　　论

1.1 引言

森林是地球生物圈的重要组成部分，森林资源是地球上最宝贵的自然资源之一，它能够有效地起到防风固沙、净化空气、气候调节、涵养水源等生态调节作用，同时也是多种植被的生长地和多种动物的栖息地，为保持生物多样性提供了必要条件，有效地维护了地球生态系统的平衡。森林资源的变化趋势不仅会影响生态系统的健康，而且还会间接影响到社会经济的发展。近年来，随着人们环保意识的不断增强，定期对森林资源信息进行系统的收集、整理和对比，从而进行森林资源的动态监测，对森林资源的相关信息进行预测变得十分必要。

森林资源调查（forest resource inventory）也称为森林调查（forest inventory），是对林业用地进行自然属性和非自然属性的调查，主要有森林资源状况、森林经营历史、森林经营条件及森林未来发展等各个方面的调查（孙华，2006）。森林资源调查为编制林业区划、规划、计划和编制森林经营方案，建立森林资源档案，并为确定森林利用方案和森林采伐限额提供基础资料及依据。因此，森林资源调查工作已经成为各级林业主管部门实现森林经营管理现代化的重要措施（周宇飞，2007）。传统的林业调查主要是通过野外实地测量来获取树高、胸径（diameter at breast height, DBH）、冠幅等林木的基本参数，耗费大量的人力、物力，效率较低。当面临大规模的林业调查时，会有很多不便。从20世纪中期开始，航空像片开始应用于森林资源调查与分析（Alemdag, 1986; Pitt & Glover, 1993）。航空像片具有信息丰富直观、信息提取快捷、外业工作量小、工期短等优点，被广泛应用到森林资源调查中，为森林资源调查开辟了新的途径。利用摄影测量技术制作的正摄影像图，由于保留了航空像片丰富的影像信息同时又具有地形图的特征，至今仍然是森林资源调查内外业的主要参考资料。20世纪60年代，在摄影测量学、现代物理学（如光学技术、红外技术、微波技术、雷达技术、激光技术等）、电子计算机技术、数学方法和地学的基础上，遥感技术得以提出，并迅速发展成一门新兴的综合探测技术（孙华，2006）。在过去的几十年中，传感器及遥感数据日新月异。例如，中分辨率的遥感影像（如MODIS

和 Landsat TM）为大尺度森林资源监测提供了可能；高空间分辨率遥感影像（如 IKONOS、QuickBird 和 WorldView-2）提供了更准确的林分及单木尺度测量数据，使得精准林业（precision forestry）的提出和发展成为可能（Heinzel & Koch, 2012）；激光雷达数据的应用为研究森林结构提供了可靠的三维数据源。

随着现代遥感技术的不断深入，图像分析方法早已超越了仅基于航空像片的分析方法。森林资源调查也开始逐渐从传统的实地调查和航片解译转向从航空像片、激光雷达、高空间分辨率及高光谱等多源遥感数据融合技术中获取森林参数的技术阶段。丰富的多源遥感数据不仅能够提供传统航空像片的二维空间信息，而且能够提供三维空间信息及多维光谱信息，能够对森林资源状况及其动态变化情况进行全面、准确、快速、有效的掌握和分析。利用多源遥感数据建立森林资源清查遥感影像库并提取森林专题信息，已经成为现代森林资源调查的有效手段和发展趋势。

1.2　森林调查与精准林业

1.2.1　森林调查

森林调查是森林经理最基础、最重要的组成部分，它是指在有限的时间和经费支持下，确定林分中活立木的蓄积量和生长量（Avery & Burkhart, 2002）。森林调查起初是耗时费力的实地调查，通过样地调查获取位置、树种、胸径、树高和冠幅等数据进而估算林分水平的参数。早期的森林调查开始于 1930 年左右，主要目标仅仅是估测蓄积量和生长量；20 世纪中叶，航空像片的应用有效地提高了森林调查的作业效率，给森林调查带来了新的机遇（Alemdag, 1986; Avery & Burkhart, 2002; Pitt & Glover, 1993）。当今的森林调查已经扩展到用来评价多种生态问题。例如，评价野生动物资源、娱乐设施、水域管理以及其他多用途林业等（Hyyppä et al., 2008）。但是，无论它的外延如何扩展，森林调查的工作重心仍然集中在对单木、样地、林分和大区域尺度上蓄积量和生长量的测量上（Hyyppä et al., 2008）。

世界上许多发达国家已先后进行了3次以10年为间隔期的连续清查，为编制国家级或大地区的林业发展规划提供了资源信息。日本经过3次全国性森林资源调查，实行了全国范围森林资源的网络管理（张黎莉，2011）。美国农业部林业局（The United States Department of Agriculture Forest Service, USDA FS）负责的森林调查与分析（Forest Inventory and Analysis, FIA）项目评价了全美国林业和木材资源。从1999年开始，FIA项目从周期性调查改为对每个州的资源进行年评价机制。整个调查分为三个阶段：①林地与非林地的划分；②野外固定样地的建立和森林生态数据的收集；③在第二阶段所建立样地中抽取子样本，对单木进行测量（Ke, 2009）。根据调查的目的和范围，我国的森林调查分为三类：以全国（大区或省）为对象的森林调查（"一类调查"）；以森林资源经营管理的企事业单位和行政县、乡（镇）为对象的森林调查（"二类调查"）；为企业生产作业设计而进行的森林调查（"三类调查"）（张黎莉，2011）。面对繁重的调查任务，森林调查已经不能仅依靠耗时费力的人工野外调查和单一的航空像片解译进行。随着遥感及计算机技术的迅速发展，人们开始利用中等空间分辨率卫星影像（如MODIS和Landsat TM）在全国尺度上对森林资源进行监测（即大面积调查）；同时也利用高空间分辨率卫星影像（如IKONOS、QuickBird、GeoEye-1和WorldView-2）在林分尺度和单木尺度上对森林参数进行估测（即小面积调查）。我国从20世纪50年代起开始开展森林调查工作，应用抽样、电子计算机、林业遥感等技术，进行了全国各大林区的森林经理调查，建立了森林调查的三级体系，森林资源数据库自动化体系也在逐步建立中（张黎莉，2011）。近年来，随着主被动遥感数据源的不断丰富，使用的计算机技术也远远超过早期基于航空像片的图像处理技术，这无疑给精确、自动、快速地获取森林参数带来了前所未有的发展机遇。

1.2.2　精准林业

20世纪80年代，在精准农业（precision agriculture）的基础上，精准林业的构想开始提出，90年代逐步形成。随着我国精准农业试点工作的逐步推进，我国的精准林业也逐渐发展，但尚处于学术探讨和某些环节技术问题的实验阶段。2001年，北京市精准林业示范基地的建立标志着我国精准林业的研究已由零散的、个别的研究进入了系统集成与平台建立阶段（冯仲科等，2004）。精准林业是指尽可能地采用现代高新科学技术［如林木遗传工程、3S 技术（遥感技术，RS；地理信息系统，GIS；全球定位系统，GPS）、数字通信、林业机械自动化、传感器技术进行森林土壤类型分析、林地适应性评价、立地类型与立地条件分析、森林生态环境模拟等］建立一体化、智能化、数字化的现代林业技术体系，进而使森林最大限度地发挥生态、经济、社会效益，实现森林可持续经营和区域可持续发展（聂玉藻等，2002）。精准林业的技术核心在于森林生长实现精确的定量估测和监测，克服传统粗放林业体系中各种不可定量因素所带来的弊端，实现林业生产、监测中的"精"和管理控制中的"准"（车腾腾等，2010；冯仲科等，2004）。具体来说，就是要求通过森林、景观、林分和测树因子级的空间、数量和质量高精度的信息，获得森林及其环境的空间结构特征以及个体之间的时空差异性（冯仲科等，2004）。因此，现代遥感技术作为精准林业的核心技术之一，在森林资源与环境现状调查、森林资源与环境动态监测和评价、森林健康监测和预测预报、森林数量估测、森林空间结构分析等方面均发挥着重要作用。而单木测树因子（包括树高、胸径、冠幅、树冠投影面积、树冠体积等）的精准测量是实现精准林业的必要手段。树冠空间结构本身的不规则性和复杂性，以及传统手工测量的粗放性，导致以往单木树冠因子测量的精度和效率都不理想，是困扰林业工作者的难题。单木树冠提取技术的出现不仅使单木树冠的获取更为客观和高效，也为精准林业的进一步发展奠定了基础。

1.3　单木树冠提取的意义

森林经营决策过程需要描述从单木到不同尺度区域的树木生长情况。树冠特征是单木测量中最重要的组成部分之一。树冠测量可以用来预测对培育措施（如皆伐和施肥）的反馈，也可以通过林分生长与收获模型来估测树木生长量。在给定树种和年龄的条件下，拥有较大树冠的树木通常有更高的生长速率（Avery & Burkhart, 2002）。传统的外业测量不仅作业强度大、效率低，而且主观因素的依赖性大，测量精度难以保证。寻找一种客观、高效、准确的单木树冠提取方法不仅是林业学者关心的问题，也受到了遥感与地理信息科学及计算机视觉学者的高度关注。

随着遥感和计算机技术的迅速发展，应用遥感影像对单木树冠进行探测和提取的半自动和全自动算法在获得即时、准确、完整的森林信息方面扮演着重要角色。精确提取单木树冠是精准林业的重要组成部分，能否准确提取树冠直接影响冠幅和胸径（Zhang et al., 2010）、郁闭度（Bai et al., 2005）、冠层结构（Harding et al., 2001）、林分高与生物量（Popescu, 2007）、树种分类（Heinzel & Koch, 2012）及林分生长量（Yu et al., 2004）等单木及森林参数估测的准确性。同时，树冠也是树木光合作用的主要场所，对树冠做出准确的判断，可以很好地用来监测树木的生长、预防树木病虫害、模拟能量传输等，对研究森林的生长情况和动态变化有重要的意义。单木树冠的精确提取能够使森林参数细化到每株树木，森林监测以单木为对象开展，森林经营管理将不再是一个粗放的概念，而是以实时高精度遥感信息提取为手段的精准集约化管理（刘晓双等，2010）。因此，利用遥感数据进行单木树冠提取对森林调查和精准林业的进一步发展有着至关重要的科学研究意义。

研究人员在应用单木树冠提取技术解决不同问题时使用了许多不同的术语，如单木个数估计（stem number estimation）、单木探测（single tree detection）、自动树木识别（automatic tree recognition）等。本书提到的单木树冠提取指的是单木树冠探测与勾绘（individual tree crown detection and delineation, ITCD），即识别单木的一般过程，包括树顶或树干探测和树冠边界勾绘过程。大多数半自动或自动的单木树冠提取算法基于以下假设进行：树冠顶点位于（辐射亮度或高度的）局部最大值处，辐射亮度或高度值沿树冠边缘方向逐渐减小，在树冠边界处达到最小值。因此，半自动或自动的单木树冠提取算法一般分为两种思路：一种是先进行树冠顶点或单木位置的探测，在此基础上进行树冠边界的勾绘，确定树冠的轮廓；另一种是基于树冠的光学特性、颜色、纹理特征，利用统计学方法及人机交互作业的方法直接描绘出单木树冠的轮廓。

由于森林自身的复杂性，单木树冠的提取仍处于研究阶段，这些研究中普遍存在三方面问题：①自动化程度低，很大程度上要依靠人工的目视解译，影响树冠提取效率；②在郁闭度高的密林中，由于树冠之间相接、重叠，使得被压木和幼树被冠层遮挡，导致单木树冠提取的精度降低；③许多研究采用的方法只适用于特定的树种，不具有普遍的适用性。怎样更加充分利用丰富的遥感数据来改善单木树冠提取的精度、提高自动化的程度，是现阶段单木树冠提取研究中需要解决的问题。

1.4 本书结构

根据单木树冠提取的主要内容和技术特点，作者设计本书结构如图1.1所示。第1章为绪论，介绍了单木树冠提取的背景知识；第2章为遥感平台与主

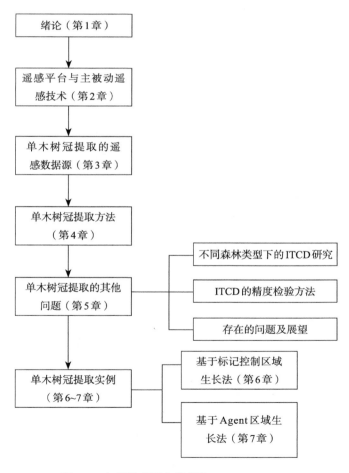

图1.1 本书的主要内容架构

被动遥感技术，介绍了5个遥感平台和主被动遥感的基本技术原理；第3章为单木树冠提取的遥感数据源，介绍了被动、主动以及主被动数据相结合进行的单木树冠提取；第4章为单木树冠提取方法，介绍了单木树冠提取方法的发展、基于主被动遥感数据的单木树冠提取方法，着重介绍了基于LiDAR数据的单木树冠提取方法；第5章为单木树冠提取的其他问题，包括不同森林类型下的ITCD研究、ITCD的精度检验方法、存在的问题及展望；第6～7章为单木树冠提取实例，包括基于标记控制区域生长法（第6章）和基于Agent区域生长法（第7章）。

第2章

遥感平台与主被动遥感技术

2.1 遥感平台

遥感平台是指搭载遥感传感器的平台，是遥感系统中的重要组成部分，极大地影响着对地观测效果。一般，遥感平台包括星载平台、机载平台、无人机系统（unmanned aircraft system, UAS）平台、车载平台和静态平台共 5 类（Toth & Józków, 2016）。各个平台特点各异，在遥感对地观测中发挥着各自不可替代的作用。根据空间分辨率（地面采样间隔）、重访时间和观测对象范围三个特征指标，Toth 和 Józków（2016）描绘了当今的"遥感观测立方体"，形象地统计出当前遥感平台/传感器在对地观测中的工作比例（图 2.1）。相比之下，星载遥感系统在数量上占有绝对优势，观测对象范围较大，但是重访周期较长，地面采样间隔（ground sampling distance, GSD）的跨度也较大，适用于大尺度地面观测；其他 4 种遥感系统具有相似规模，其中，机载系统重访周期、观测对象大小及地面采样间隔均大于无人机系统、车载及静态遥感系统。由于无人机、车载及静态遥感系统均适用于局域性观测，重访周期均可忽略不计，观测对象范围较小，但具有更高的空间分辨率。车载和静态遥感系统数量较少，其总量与无人机系统相当，但观测对象范围略大于无人机系统，而地面采样距离跨度略小于无人机系统。

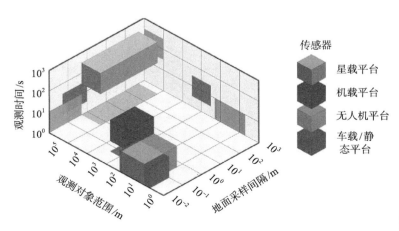

图 2.1　当今"遥感观测立方体"（引自 Toth & Józków, 2016）

2.1.1 星载平台

星载平台是发展时间最长、数量最多的遥感平台之一。从 1972 年 Landsat-1 的成功发射，到 1986 年 SPOT-1、1999 年 IKONOS 的发射，再到后来一系列商业卫星的成功运营，空间技术得到了快速发展，四大分辨率（即空间分辨率、时间分辨率、辐射分辨率和光谱分辨率）均得到大幅度提高。目前的光学卫星扫描方式主要有推扫式和弹扫式两种，推扫式的传感器电荷耦合装置（charge coupled device, CCD）的排列方式可以是线阵排列，也可以是面阵排列。就目前获取的高分辨率光学卫星成像而言，大部分都是通过线阵推扫式成像传感器，以时序方式逐行获取二维图像。即先在像面上形成一条线影像，卫星沿着预先定义好的轨道向前推进，逐条扫描后形成一幅二维影像，影像上每一行像元在同一时刻成像且为中心投影，而整个影像则为多中心投影（李立刚，2006）。

1986 年，法国发射的 SPOT 系列卫星使用的是经典的推扫式卫星传感器。由于其较高的地面分辨率、可侧视观测并生成立体像对和高时间分辨率等有别于其他卫星遥感数据的特点，而受到遥感用户的青睐（杨蕾，2006）。IKONOS 传感器是近年来常用的推扫式卫星传感器之一，它是三线阵推扫式成像，因此在正常模式下，可取得正视、后视和前视推扫成像。IKONOS 卫星的传感器系统包括一个 1m 全色分辨率传感器和一个四波段 4m 分辨率的多光谱传感器。全色影像和多光谱影像可融合成高分辨率的彩色影像。同时，由于 IKONOS 传感器具有多种灵活的成像方式（正视、后视和前视），它能使用户获得更多无云或少云地区的影像，或者在单位时间内获得较多的影像，以监控短时间影像的变化内容（丁琼，2008）。

WorldView 系列卫星是 DigitalGlobe 公司的新一代商业成像卫星系统。作为全球第一批使用了控制力矩陀螺的商业卫星，WorldView-2 卫星将推扫式卫星传感器的分辨率提高到全色图像 0.5m 和多光谱图像 1.8m，回访时间也减少到 1.1 天，除了 4 个常见的波段外（蓝色波段、绿色波段、红色波段、近红外线波段），WorldView-2 卫星还提供 4 个新的彩色波段，即海岸波段、黄色波段、红色边缘波段和近红外 2 波段。作为 WorldView 系列最新卫星，WorldView-3 更是将空间分辨率提高到 0.31m，成为目前商业成像卫星中空间分辨率最高的卫星，并且 WorldView-3 卫星传感器除了收集标准的全色波段和多光谱波段外，还可以收集 8 个短波红外波段和 12 个 CAVIS 波段，使得 WorldView-3 可以观测到比其他商业卫星更广范围的电磁光谱。星载平台的飞速发展实现了遥感影像四大分辨率的稳步提高。

2.1.2 机载平台

机载平台是航空遥感的主要平台，也是较早出现的遥感平台。它具有分辨率高、调查周期短、不受地面条件限制、资料回收方便等特点。航空遥感所用的传感器有航空摄影机、航空多谱段扫描仪、机载激光扫描仪（airbone laser scanner, ALS）和航空侧视雷达等。由航空摄影机获取的图像资料为多种形式的航空像片（如黑白片、黑白红外片、彩色片、彩红外片等）。由航空多谱段扫描仪可获得多光谱航空像片，其信息量远大于单波段航空像片。航空侧视雷达是从飞机侧方发射微波，在遇到目标后，其后向散射的返回脉冲在显示器上扫描成像，并记录在胶片上，产生雷达图像。航空遥感具有技术成熟、成像比例尺大、地面分辨率高、适于大面积地形测绘和小面积详查以及不需要复杂的地面处理设备等优点；但飞行高度、续航能力、姿态控制、全天候作业能力以及大范围的动态监测能力较差。

2.1.3 无人机系统平台

无人机系统不仅仅是一个简单的无人机（unmanned aircraft vehicle, UAV）飞行器，而是由控制站、无人机、通信系统和保障设备组成的一个完整系统，是区域或全球空中飞行环境中的组成部分，要适合空管规则、法规和要求（Austin et al., 2013）。相比于有人机系统，无人机有着独特的优势和特点，适合完成枯燥、肮脏、危险、隐蔽的任务。例如，完成核生化污染环境监测，重点防护区域的侦查、电力线巡查和森林防火任务等。无人机的使用极大地降低了飞行员的作业风险，并能有效地降低经济成本（包括首次购置费和使用成本等）。另外，无人机对环境的影响和污染远小于有人机，尤其在民用方面，可以有效避免低空飞机对居民和农场动物产生的噪声污染（Austin et al., 2013）。

军事应用贯穿着无人机系统发展史。1915年，德国西门子公司成功研制出了采用伺服控制装置和指令制导的滑翔炸弹，开创了无人机研制与应用的先河（李传荣等，2014）。20世纪50年代，在超音速靶机的基础上，美国开始研制无人侦察机，主要依靠起飞前预先编制的飞行程序控制。20世纪70年代，开始出现实时遥控无人侦察机（任佳和高晓光，2012）。目前，美国仍然处于UAS研发的领跑地位，以色列、英国、法国等国家紧随其后，以色列的"苍鹭"系列、英国的"螳螂"和法国的"神经元"都是先进UAS的典型代表。

第二次世界大战后，无人机系统逐渐应用到民用，如进行农药和种子播撒等工作。广泛的应用需求和复杂的应用场景推动了无人机技术向更大高度、长航时、高负载方向发展，大型高端系列无人机相继研制成功，使无人机可以携带大型有效载荷并能长时间在空中执行飞行任务（李传荣等，2014）。目前，各国正在把无人机应用到国土安全任务和科学实验中。2005年，欧洲空间局（European Space Agency, ESA）利用无人机进行遥感飞行试验，在试验中特别测量了地表通量。意大利在陆地监测系统项目中利用无人机在不同高度开展联合陆面监测，以支持应急响应和区域保护等。法国利用"巡逻者"无人机在法国南部森林区开展监视，为民用安全任务提供支援。2007年起，美国国家航空航天局（National Aeronautics and Space Administration, NASA）、美国国家海洋大气局（National Oceanic and Atmospheric Administration, NOAA）与诺格公司合作，利用美国空军移交的3架"全球鹰"无人机开展了多次科学探索任务（李传荣等，2014）。近年来，我国的无人机遥感应用也有很大发展，已广泛应用于土地勘测、环境保护、大气探测、灾害预警与应急响应、林业资源调查等行业。

2.1.4 车载平台

随着全球定位系统（global positioning system, GPS）的普及，车载制图系统（mobile mapping system, MMS）开始逐渐发展起来。车载平台的基本理念就是将传感器搭载在移动车辆上，在运输走廊中以正常的运输速度获取空间数据（Toth & Józ'ków, 2016）。MMS的两个重要组成部分是直接的平台地理定位和数字成图

（Grejner-Brezinska et al., 2015）。利用车载制图系统搭载数码相机和激光扫描仪能及时、快速地获取道路两侧的序列影像和激光点云，能够按照应用需求对各种道路、街区的资源进行随时随地按需测量，加快空间数据的采集和属性信息的确定，是对航空平台和卫星平台的有力补充（邹晓亮，2011）。

目前，车载激光雷达的应用越来越受到重视，它能扫描出具有高密度的点云数据（至少100点/m²），远高于一般机载激光雷达的点云密度（4～20点/m²），能识别高架电线以下直径为3mm的地物特征，但成本低于机载激光雷达。车载激光雷达系统具有数据获取速度快、点云密集和场景完整等特点，使其成为一种快速的空间数据获取手段，广泛地运用于各个领域。例如，杨浩等（2015）针对车载激光雷达系统，建立了由激光扫描仪数据、车载GPS数据、车载姿态数据进行激光点云解算与重构的数学模型，快速、主动地获取障碍物的高精度三维坐标，得到道路及两侧景物的三维点云场景，实现对道路两侧景物的三维漫游。另外，车载激光雷达系统也运用在铁路复测中。在测量时，将激光雷达系统安装于铁路通勤车或轨检车的车厢尾端，具有安全性好、作业效率高、能准确直观反映现场实况的优点（王凯，2013）。但是，车载激光雷达获取的数据具有海量特性（激光扫描仪每秒可获取上万个点），且带有噪声、存在遮挡，这给车载激光雷达点云数据的处理方法带来了巨大的挑战（魏征，2012）。

2.1.5 静态平台

静态平台是车载平台系统的一个特例，提供了一种新的技术方法。它以基本摄像头对兴趣点提供定时和实时的视频反馈。由于图像的实时传输，固定的传感器会提供前所未有的时间分辨率和观测能力。例如，研究人员在极地附近安装高分辨率定时相机长期监测冰川的消长（Lenzano et al., 2014）。由于静态平台可以在无人控制的情况下工作长达几个月，因此其他平台很难跟它抗衡。半移动的车载平台是车载平台和静态平台之间的一个过渡。传感器固定在车辆的收缩杆上，在特定时段对目标区域进行监测。例如，可以用这种平台配合被动或者主动传感器对施工地点、矿址、公众事件等进行有效监测（Toth & Józ'ków, 2016）。

2.2 被动遥感技术

被动遥感（passive remote sensing）又称无源遥感系统，是指在遥感探测时，探测仪器获取和记录目标物体自身发射或是反射来自自然辐射源（如太阳）的电磁波信息的遥感系统。最典型的被动遥感系统就是多光谱扫描仪，这种设备使用不同类型的电子探测器，能把感测范围从 0.3μm 扩展到 14μm 左右，涵盖紫外线、可见光、近红外、中红外和远红外波段区域，并能在很窄的波段内进行感测。传统的光学遥感指的是传感器的工作波段只限于可见光范围之间的遥感技术，因此，光学遥感依赖于日光辐射。热扫描仪可以看作一种特殊的多光谱扫描仪，它只在光谱的一个或多个波段的红外区域进行感测。这些波长的能量本质上是物体的发射能，是物体自身温度的函数，并遵从热辐射原理。热红外图像不依赖于太阳，因而这些系统可以全天候工作。无论是光学遥感还是热红外遥感，传感器接收的均是物体自身反射或发射的能量，因此，均属于被动遥感范畴。经典的被动遥感系统有 Landsat 系列卫星、SPOT 系列卫星、WorldView 系列卫星、航空摄影系统等。

还有一种被动遥感形式是被动微波遥感。所谓被动，就是指这些系统自身不提供能量源，而是在其视野内感应天然的微波能量。由被动传感器记录的微波能量可以来自于：①与目标物体的表面温度和物质属性相关的发射成分；②大气的发射成分；③日光和天光的表面反射成分；④地下成因的传播部分。因此，被动微波辐射强度不仅取决于物体的温度和入射辐射，还取决于物体的辐射强度、反射率和透射性质（Lillesand et al., 2016）。

与热红外遥感相似，被动微波传感器有微波辐射计和微波扫描仪两种，但被动微波传感器利用天线而非光子探测元件工作。微波辐射计是用来测量航天或航空飞行器下面单一轨道的微波辐射的一种非成像设备（Lillesand et al., 2016），而被动微波扫描仪可以成像。由于微波传感器工作波段位于代表陆地特征的 300K 黑体辐射曲线的尾部，相对于可见光和热红外传感器来说，其工作波长较长，频率较小，单位面积内可获得的能量更少，因此，所需要的视野域必须大到具有足够的能量以记录一个信号，这使得被动微波传感器空间分辨率要普遍低于光学和热红外传感器。

但是，这种并不精细的空间分辨率并没有影响被动微波系统在地表和大气特征测量上的应用。在海洋学领域被动遥感系统也应用广泛，如海冰监测、洋流和风的监测、微量石油污染监测等，并且在预测大面积雪融化状况、土壤温度和土壤湿度信息等方面存在潜力（Lillesand et al., 2016）。

2.3　主动遥感技术

主动遥感传感器能够同时发送和接收辐射能量，不受大气等外界因素的干扰，更容易穿透郁闭度较高的树冠层。主动遥感技术的蓬勃发展，特别是光探测和测距雷达（light detection and ranging, LiDAR，简称激光雷达）在林业中的应用，给林业调查带来了新思路。从遥感平台角度来区分，激光雷达大体分为星载激光雷达、机载激光雷达、车载激光雷达和地基激光雷达4种。20世纪70年代以来，随着计算机技术、激光测距技术、数据传输技术、图像处理技术、高精度动态GPS差分定位技术的迅速发展，促进了机载激光雷达技术的高速发展。尤其是近20年，机载激光雷达技术在很多领域都得到了广泛应用，该技术已经有效地应用于水利、城市三维模型的构建、公路设计、高压线监测、地面的变形测量等多个领域，在林业调查方面可以准确、有效、快速地测量大面积森林和树木的高度，对大尺度的林业调查及监测意义重大。

2.3.1　LiDAR技术原理简介

LiDAR是一种主动遥感技术。LiDAR测量是以方向性极高的激光脉冲作为技术手段，将能发射激光脉冲的激光扫描仪安装在飞行器上，利用地表物体对电磁波的反射，记录激光脉冲从发射经过地表反射回来所需的时间，通过动态差分GPS技术和惯性测量装置（inertial measurement unit, IMU）获取每束激光回波准确的空间坐标。通过测量发射主波与地面采样点激光回波脉冲之间的时间差，来测算地表各点距发射点之间的距离（全晓萍和宋志勇，2007）。其基本原理如式（2-1）所示：

$$D = \frac{Ct}{2}$$ （2-1）

式中，D 为激光雷达传感器到地面点的距离；t 为测量发射主波与地面采样点激光回波脉冲之间的时间差；C 为光速。

通过测量得到的地面点坐标信息通常以 XYZ 的格式存储在美国信息交换标准代码（American standard code for information interchange，ASCII）文件中。由于获得的数据在空间中呈离散分布，因此被形象地称为"点云数据"（王平，2012）。激光雷达工作原理如图2.2所示。

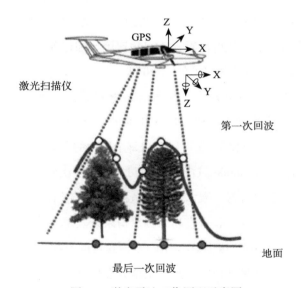

图2.2　激光雷达工作原理示意图

机载 LiDAR 系统主要由航空定位定向系统（POS 系统）、激光扫描仪、数码相机和中心控制单元4个部分组成。

（1）POS 系统。POS 系统是激光测距系统的核心部分。其核心思想是通过动态差分GPS技术来确定飞机飞行航迹的三维坐标，提供测站坐标用来进行航空测量。惯性测量装置（IMU）提供载体（如飞机）的瞬时姿态参数，包含侧滚角、航向角和俯仰角三个姿态角。通过周密的联合数据处理（如卡尔曼滤波），获得传感器的外方位元素，实现无（或极少）地面控制的传感器定位和定向（罗志清等，2006）。

（2）激光扫描仪。激光扫描仪是 LiDAR 系统的核心，一般由时间间隔测量装置、激光发射器、接收器、传动装置、计算机硬件和软件组成。激光扫描仪很好地利用了激光测距方向性强、能量高、受外界干扰少等优势，为高精度的遥感测量提供了可能。

（3）数码相机。LiDAR 可以直接获得包括高程在内的地表物体的三维空间信息，弥补了传统摄影测量的不足。尽管在提取地物空间位置上 LiDAR 具有绝对优势，但与传统摄影测量相比缺少地物和地貌的纹理及光谱信息，高空间分辨率的数码相机可以同时获取地物和地貌的遥感影像，弥补 LiDAR 测量的不足。

（4）中心控制单元。中心控制单元主要是实现 LiDAR 内部三个重要的组成部分（即 POS 系统、激光扫描仪、数码相机）之间的精确同步。通常采用定位、导航和管理系统同步记录 GPS 位置、IMU 角速度、加速度增量、数码相机数据和激光扫描仪数据（全晓萍和宋志勇，2007）。

对于林业应用最有吸引力的一点是 LiDAR 遥感技术具有检测植被冠层和地面的多次返回脉冲的能力。利用 LiDAR 数据，不仅可以创建数字表面模型（digital surface model, DSM），还可以采用每个脉冲的最后一次回波来创建数字地表模型（digital terrain model, DTM），也可以采用多次回波来表征出现在每个发射脉冲信号覆盖区内的树、灌木及其他植被。在较精细的空间尺度上，很多研究集中在采用树冠的水平和垂直高度测量值来开发单木树冠形状的地理模型上（Lillesand et al., 2016），这也是本书 4.3 节所探讨的问题。

另外一个 LiDAR 领域的研究热点就是全波形分析（Mallet & Bretar, 2009）。不同于离散的 LiDAR 点云数据，全波形 LiDAR（full-waveform LiDAR）系统可以利用均匀的采样率对连续的返回信号进行数字化。本质上，全波形 LiDAR 系统记录的是波形自身的整个形状而非返回波形的 4～5 个峰值时刻。例如，全波形 LiDAR 系统以 1ns 间隔对 LiDAR 脉冲进行采样，每个采样间隔的信号幅度记录为 8bit 的数字，处理的结果是一个数字 LiDAR 波形（Lillesand et al., 2016）。虽然利用全波形 LiDAR 可以更全面地反映发射脉冲到达地面所穿过的媒介（如树冠）的物理特征，但是这种 LiDAR 数据比离散 LiDAR 点云数据更复杂，要求的存储空间更大，处理过程更繁琐，无疑给该数据的广泛应用带来了一定困难。

2.3.2　Radar技术原理简介

Radar是"无线电探测和测距"（radio detection and ranging）的缩写，即用无线电的方法发现目标并测定它们的空间位置，有时也测定目标物体的角度位置。它是主动遥感的一种，要求在感兴趣的方向上发射短脉冲，并记录系统观察范围内目标物返回或反射回来的脉冲强度及其来源（Lillesand et al., 2016）。

按照是否成像，Radar可以分为非成像雷达和成像雷达。例如，微波辐射计（microwave radiometer）是非成像雷达的一种，它接收目标（大气和地面）自身辐射的微波能量，进而根据接收信号的强弱和极化情况提取获得目标的有关信息（陈洪斌，1994）。由于这种雷达接收目标自身辐射的微波能量，而不主动地发射短脉冲，因此也是一种被动微波雷达。另一种典型的非成像雷达是多普勒雷达系统，它是在发射或接收信号时利用了多普勒频移效应来测量目标速度。因此，一种典型的非成像雷达应用就是应用多普勒雷达系统来测量车辆的速度（Lillesand et al., 2016）。

Radar的工作原理与LiDAR获取数据的原理相似［式（2-1）］，但是LiDAR形成的光斑为近天底方向，而Radar是侧视工作，则式（2-1）中的 D 为斜距，即发射体和目标之间的直线距离。还有一点不同之处在于，LiDAR使用的是红绿色激光，属于一种可见光源，而Radar使用的是长波段无线电波，表现出来的性质有本质不同。Radar比使用可见光及近红外波段的LiDAR系统具有更强的穿透能力，更容易穿透冠层到达地面。在林业中，Radar系统能更容易地检测到树干，对于浓密森林，其后向散射与蓄积量有很强的线性关系（Fransson et al., 2000；Melon et al., 2001），因此能很好地估算蓄积量。

Radar的种类多种多样，其中用于遥感的最具代表性的就是合成孔径雷达（synthetic aperture radar, SAR）。合成孔径雷达利用多普勒频移把尺寸较小的真实天线孔径用数据处理的方法合成较大的等效天线孔径雷达，所以也称为综合孔径雷达。该系统只需要物理上很短的天线，通过改进数据记录和处理技术，将短天线"合成"一根长天线并达到与长天线相同的效果（Lillesand et al., 2016）。合成孔径雷达是一种以侧视方式工作的高分辨率成像雷达，可以在能见度极低的气象条件下得到类似光学照相的高分辨率雷达图像，它不能分辨人眼和相机所能分辨的细节，但其工作的波长使其能穿透云和尘埃。因此，合成孔径雷达在能够保证相对较高的空间分辨率的前提下，能全天候工作，且能有效地识别伪装和穿透掩盖物。

根据遥感平台不同，合成孔径雷达通常分为机载和星载两种。合成孔径雷达按平台的运动航迹来测距和二维成像，其二维坐标信息分别为距离信息和垂直于距离上的方位信息。合成孔径雷达的首次使用是在20世纪50年代后期，装载在RB-47A和RB-57D战略侦察飞机上。经过近60年的发展，合成孔径雷达技术已经比较成熟，各国都建立了自己的合成孔径雷达发展计划，各种新型体制合成孔径雷达应运而生，在民用与军用领域发挥重要作用。

第3章

单木树冠提取的
遥感数据源

国外对自动探测和识别单木的研究可以追溯到20世纪80年代中期，我国略晚于国外。ITCD的研究逐步由使用卫星图像、主动传感器数据向多数据源结合转变。在早期的单木树冠研究中，被动遥感数据源（包括航空像片及高空间分辨率卫星影像）占据了绝对主导地位。航空像片是最原始也是最重要的被动遥感数据源之一，主要是由于单木水平的分析需要高空间分辨率的数据。通过改善光谱分辨率和空间分辨率，卫星图像在单木树冠自动提取方面发挥着显著作用，如QuickBird和IKONOS数据经常被用于ITCD研究。然而，由于缺少对立体数据的收集，被动传感器在重构树木结构方面会受到很大的制约。被动传感器的一大替代工具就是主动传感器，它是一种可以发射能量并且接收从目标物反射能量的感应装置。主动传感器可以直接采集树冠垂直的结构信息，并且为ITCD研究提供高度数据。20世纪90年代末和21世纪初，欧洲最先将主动传感器用于基于单木的森林资源调查。近10年，激光雷达已经被广泛应用到单木树冠提取研究中，并且在提高局域尺度的森林调查效率上做出了巨大贡献。由于ITCD要求数据具有高空间分辨率，机载激光扫描仪数据具有明显的优点，并且成为ITCD研究的主流主动遥感数据源。结合光学成像和主动遥感研究的潜力也已经被挖掘出来，特别是在单一树种的识别方面。多源数据的互补性为现代森林资源调查提供了重大机遇。

3.1　被动遥感数据源的应用

3.1.1　航空像片的应用

航空像片是森林调查中最早、最常用的被动遥感数据源。由于单木树冠的自动提取要求数据具有较高的空间分辨率，一般需要达到研究区域单木树冠冠幅的1/10～1/5（Ke & Quackenbush, 2011a），所以，这项研究起初主要的被动遥感数据源是航空像片。其中最常用的两种航空像片的获取工具为紧凑型机载光谱成像仪（compact airborne spectrographic imager, CASI）和多探测器光电成像传感器（multi-detector electro-optical imaging sensor, MEIS-Ⅱ）（Ke & Quackenbush, 2011a）。CASI是一种能够获取可见光及近红外多光谱的推扫式成像仪，它的优势不仅在于它的高空间分辨率，而且具有从红光到近红外范围内的6~14个多光谱波段，这些都是植被特征识别的重要波段。MEIS-Ⅱ是一种携带恒温CCD线阵的推扫式传感器，它的光谱覆盖范围为380~1100nm，最多能为8个波段提供中、高空间分辨率影像。通过统计显示，用于单木树冠提取的被动遥感数据源的空间分辨率（由地面采样间隔表示）为0.01~0.70m，但是以空间分辨率为0.51~0.70m的遥感影像占主导地位，如图3.1所示。产生这一现象的主要原因是这一阶段CASI（空间分辨率为0.6m）数据的大范围使用。Gougeon（1995a）利用空间分辨率为0.3m的MEIS-Ⅱ图像自动提取加拿大的成熟针叶林树冠，但是对于更新森林的树冠提取存在困难。Gougeon和Leckie（1999）发现，利用MEIS-Ⅱ图像无法找到小于5年生的小树，而用空间分辨率为0.60m的CASI数据提取20年生的针叶林树冠又有些不足，50%~75%的错误都来自不完全分割（即多棵树仅被识别成一棵树）（Leckie et al., 2003a）。

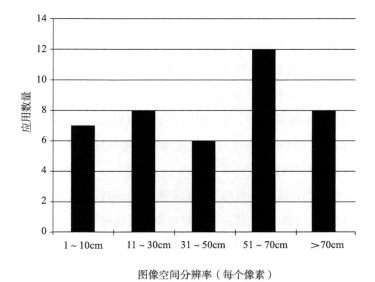

图3.1 被动遥感数据源图像空间分辨率和应用数量的关系

（引自 Ke & Quackenbush, 2011a）

Wulder 等（2000）利用空间分辨率为1m的MEIS–Ⅱ图像对澳大利亚花旗松和铅笔柏进行自动探测，他们发现1m的空间分辨率对于识别冠幅小于3m的花旗松还是不够的。对于单木位置的探测，图像空间分辨率的需求根据冠幅大小的分布发生变化。被动遥感数据源图像空间分辨率和ITCD应用数量的关系如图3.1所示。

3.1.2　高空间分辨率卫星影像的应用

随着卫星影像的发展，高空间分辨率卫星图像（如QuickBird、IKONOS和WorldView–2）同样能够满足单木树冠提取的需要，并能获得较航空像片更多的光谱信息和更大的观测范围，成为了另一种树冠提取的被动遥感数据源（Gougeon & Leckie，2006；覃先林等，2005；崔少伟，2011）。据统计，QuickBird和IKONOS卫星影像是单木树冠提取中最为常用的高空间分辨率卫星图像数据源。例如，Song和Woodcock（2003）基于IKONOS影像，利用半方差函数来估算郁闭度较大的人工林树冠大小，取得了很好的精度。黄金龙等（2013）根据南京市IKONOS遥感影像，提取单木参数，并结合野外实测生物量数据，建立研究区内森林地上生物量的遥感估算模型。覃先林等（2005）开展了基于QuickBird数据的冠幅提取方法研究，最大限度地减少树冠交叉作用的影响，提高了树冠测算精度。黄建文等（2006）利用三期QuickBird影像，采用面向对象的图像信息提取技术，提取退耕还林地树冠信息，并且发现排列整齐的退耕地对树冠的提取极其有利。崔少伟（2011）以QuickBird影像为数据源，采用目视手动法和种子区域生长法对孤立树及较密集林分分别进行树冠提取，发现孤立木在图像上异常清晰。

近年来，随着WorldView系列卫星的发展，WorldView–2也用于单木树冠的提取中。凌春丽等（2010）在研究分割与对象特征的基础上，基于WorldView–2数据采用面向对象方法，利用光谱、纹理、形状等特征实现了林地信息高效、准确、经济的提取。孙华等（2014）根据WorldView–2影像对林木冠幅提取与树高反演方法进行了研究，发现面向对象的影像分割方法可以有效地提取杉木冠幅信息，且影像分割平滑后的冠幅与实测冠幅存在良好的线性关系，同时建立了影像冠幅树高非线性联立方程组模型。高空间分辨率遥感影像的不断丰富为单木树冠提取提供了更多样的方法，也带来了更大的发展空间。

3.2 主动遥感数据源的应用

主动遥感数据源，包括激光雷达（LiDAR）和无线雷达（Radar），在单木树冠提取及森林调查中的应用开始于20世纪90年代及21世纪初的欧洲（Hyyppä & Inkinen, 1999）。三维LiDAR数据可以直接捕捉树木的垂直冠层结构，进而提取出大量的、不易从被动遥感数据源中提取的与高度相关的统计信息（Hyyppä et al., 2001；Forzieri et al., 2009）。LiDAR的数据形式一般包括两种：全波形数据和离散型点云数据。离散回波机载激光雷达数据是在过去的10年里应用最广泛的主动遥感数据源。利用具有高空间分辨率的机载激光扫描仪获取的三维点云数据能够得到大量、很难从光谱影像中直接得到的统计学特征（如树高、四分之一高度、冠层高度）。全波形激光雷达系统记录的是连续的波形数据，对于获取连续的植被垂直剖面、重建树冠或树高剖面非常有利（Harding et al., 2001；Lefsky et al., 2005）。例如，Gupta等（2010）应用全波形LiDAR和聚类算法提取单木树冠和树冠群，但由于缺少实测数据没有进行量化检验。由于全波形激光雷达可以产生高密度点云，有望被应用于提高单木树冠探测精度，尤其是对于被压小树的提取更有优势（Kaartinen et al., 2012）。但是，与离散型LiDAR数据相比，全波形LiDAR数据要求更大的存储空间、更复杂的处理过程和更高的成本，应用上更具有挑战性，因此，它没有离散型LiDAR的应用范围广，只占据单木树冠提取研究中的一小部分。

3.2.1 机载激光雷达的应用

对于单木树冠提取研究较高的空间分辨率要求，小光斑高密度的机载激光扫描仪（ALS）得出的离散型点云数据具有更突出的优势，被广泛地应用到单木树冠提取中。例如，Hyyppä等（2001）利用高脉冲频率激光扫描仪探测北方森林中的单木，并提取平均树高、断面积、蓄积量等重要的林分参数。Yu等

（2004）利用小光斑、高密度的机载激光雷达数据对成熟林单木进行了探测，并估测了树木生长量。Forzieri等（2009）研发了一种针对ALS数据的、省时高效的探测单木位置、勾绘树冠边界和估测植被密度的方法。Brandtberg等（2003）利用小光斑、高密度的ALS数据对冬季落叶树进行了提取，他们发现虽然雪对于激光束是一种很好的反射体，但是并不影响整个分析过程，因为大多数最后一次回波都从冠层中返回，而没有到达地面。2005年以后，中国林业科学研究院对机载激光雷达技术在林业上的应用投入了很大力度，包括大范围的林分参数和单木尺度获取，取得了比较理想的精度（王平，2012）。徐文学等（2013）基于ALS点云数据，采用标记点过程的方法进行图像分析，通过吉布斯自由能变模型定义吉布斯函数的测度，并采用马尔可夫蒙特卡罗算法和模拟退火算法求解函数的最优解，实现建筑物目标和树冠目标几何对象的多目标自动提取。李响等（2015）利用ALS点云数据和区域生长法对黑龙江凉水国家级自然保护区郁闭度较高的原始林进行了单木树冠提取，探测比例达到84.8%以上，提取的树冠面积相对误差在 −8% ~ 8% 浮动。刘清旺（2008）通过研究单木树高的提取技术，探索出一种能够处理高郁闭度条件下的树冠分割算法，通过将LiDAR数据中提取的单木参数与地面测量数据进行比较分析，进而评价高采样密度LiDAR在我国西南地区针叶林中的可用性。ALS数据不仅使单木树冠的提取成为可能，也为高效率、大范围的森林参数估计提供了方便，成为单木树冠提取的主要主动遥感数据源。

3.2.2　地基及车载激光雷达的应用

近年来，随着激光雷达数据的不断发展，地基和车载激光雷达逐渐应用到了单木树冠提取中。与机载激光雷达相比，地基和车载激光雷达系统能够产生更密集的点云数据，从而反映地物更为细节的信息，具有对树冠结构三维建模的潜力。刘鲁霞（2014）以白皮松为研究对象，针对地基激光雷达扫描的三维点云数据研究了单株木垂直方向的分布特征，提出了一种基于体元化方法的树干覆盖度变化检测方法，可较准确地估测出枝下高，同时引入三维凸包算法获取垂直方向分层树冠轮廓，可计算出树冠体积和冠幅。Liang等（2012）应用单机站地基激光雷达对密林地区单木进行自动探测，地基激光雷达点达到 500 000 个点/s，结果表明，单机站激光雷达能够探测绝大多数在稠密人工林中的单木，探测精度达到 73%。而在不同的复杂林型条件下应用多基站地基激光雷达进行单木树冠提取还有待进一步探讨。黄洪宇（2013）根据地面激光雷达对树干和枝条进行高密度采样覆盖和精准的单木三维形态建模。针对国内现有单木结构参数反演精度不高的现状，尚任等（2015）利用地面三维激光扫描数据提取单木的高度、胸径和冠幅，在用圆形拟合胸径时，发现融合了 RANSAC 的算法比 Hough 变换算法能更有效地提高胸径的反演精度和单木参数的提取精度。但是，由于各树木自身形态不同、枝叶遮蔽程度不同、野外作业时风的干扰和采样方式等因素的影响，地基激光雷达点云数据缺失或含有噪声或产生离群点导致点云数据分布和质量受到影响的现象十分常见。

车载平台能够有效避免由地基平台固定性引起的缺陷。与机载激光雷达相比，车载激光雷达具有采集方式灵活、点云密度高、采集数据更为精细等特点（陈昌鸣等，2015）。Jaakkola 等（2010）将一个基于小型无人机的激光雷达系统搭载在汽车平台上，整个系统包括 GPS/IMU 定位系统、两个激光扫描仪、一个 CCD 相机、一个光谱仪和一个热红外相机，他们利用这套改装的车载激光雷达获取数据并研发了柱状对象提取算法，成功地提取了城市中的树木信息。Wu 等（2013）研发的基于体元的标记邻域搜寻法也是应用车载雷达对街边单木及形态参数进行自动提取的开创性工作。根据对车载激光雷达点云数据的研究，陈昌鸣等（2015）提出了一种分层投影的方法提取行道树，该方法对车载点云数据进行分层投影，利用不同高程点云投影后表现出的不同特征，采用面向对象的方法对行道树进行提取，最后叠加分析提取得到比较完整的行道树点云。由于车载平台受道路运输系统的影响很大，因此大多数车载激光雷达都应用在城市林业的研究中。Holopainen 等（2013）比较了机载、地基和车载激光雷达对公园中异质森林树冠的提取效果，发现地基和机载激光雷达比较适合城市树木的制图工作。总体上，单木树冠研究中地基和车载激光雷达不但可以提供更加密集的点数据，也使得越来越多的研究者关注单木三维形态建模方法的优化和精度的提高，将单木树冠提取及三维单木形态重构研究推上了新的高度。

3.2.3 其他主动遥感数据源的应用

虽然 ALS 在提取单木参数方面有优势，但是其扫描宽度较窄，为了获得较高的分辨率会产生大量的冗余数据，成本较高，ALS 作业方式适合于局域范围，对大尺度（如国家级别及全球级别）的森林监测无法有效开展。因此，研究人员考虑了另外一种主动遥感数据源，即合成孔径雷达（SAR）。例如，Hallberg 等（2005）利用相干全无线电频段传感器（coherent all radio band sensing, CARABAS）-Ⅱ系统获取的多角度 SAR 图像改进对单木树冠的探测和参数估测。虽然 SAR 和 ALS 均属于主动传感器，但两者有本质不同。SAR 应用更长波长的微波波段，比使用可见光及近红外波段的 ALS 系统具有更强的穿透能力，更容易穿透冠层到达地面，能很好地估算蓄积量。具有合适波长的 SAR 数据还能更容易地检测到树干，对于浓密森林，其后向散射与蓄积量有很强的线性关系（Fransson et al., 2000; Melon et al., 2001）。但是，当前基于 SAR 的研究主要还是集中于林分层面，只有少量集中于单木的参数反演（Hallberg et al., 2005; Varekamp & Hoekman, 2002）。总体来说，相比于 ALS 和多光谱传感器，SAR 穿透冠层探测树干的能力使得它并不需要特别高的空间分辨率来探测单木（Hallberg et al., 2005）。SAR 的特性导致了其在树干蓄积测量方面有特殊优势（Gama et al., 2010；Kononov & Ka, 2008），而在单木树冠边界勾绘研究中的优势并不明显。因此，学者将 ALS 数据而不是 SAR 数据广泛地应用于单木树冠提取，并且可以较准确地估测树高。

3.3 主被动遥感数据的结合应用

随着主被动遥感数据源的不断丰富，学者开始寻求利用各种遥感数据源的优势，既能得到主动遥感数据的高度信息，又能得到光学影像中的光谱信息。自 2000 年以来，大量的 ITCD 研究考虑将主动和被动遥感数据的优势相结合。由于 ITCD 研究对空间分辨率有较高的要求，其主被动遥感数据的结合主要集中于 ALS 和高分辨率航空或卫星影像上（如 QuickBird 和 IKONOS）。例如，Hyyppä 等（2005）应用 ALS 数据和彩色红外图像提高了之前树冠勾绘算法的成本效益（即估计精度与所用成本之比）。他们发现，将基于 ALS 数据得到的树高添加到航空像片中可以在很大程度上提高ITCD结果的精度，并且认为这是一个具有潜在成本效益的、可行的森林资源调查方法。

　　一般情况下，ITCD研究中多源数据可以从两个方面进行结合：数据源层面结合和单木树冠提取产品层面融合。例如，Breidenbach等（2010）在数据预处理时就将光学影像（红、绿和近红外波段）与DTM数据融合到一起进行树冠分割和参数提取（数据源层面结合）。而Leckie等（2003b）用谷地跟踪法分别在数字像片的绿色波段和LiDAR生成的树冠高度模型（CHM）数据上分离树冠，再将两个分割结果进行处理提取树高（产品层面结合）。他们发现，激光雷达很容易消除大多数光学影像中疏林分经常出现的误判误差，而光学影像相比于激光雷达可以更好地在密集林分中分离树冠。这两种数据的结合可以很好地分离树冠并估测树高。Zhen等（2014）用区域生长法从正射影像的绿色波段和LiDAR生成的树冠最大模型（canopy maximum model, CMM）中分别提取树冠，再将两个结果做互补分析，用于排除一些误判树冠，并补充遗漏的小树。

　　由于具有适当点密度的ALS数据可以提供准确的高度信息、树冠形状和冠幅大小，这样可以有效补充多光谱图像中的空间几何信息和光谱信息，因此，绝大多数LiDAR和光学影像融合的ITCD研究侧重于在单木树冠提取结果的基础上预测单木水平参数，特别是识别树种信息。例如，Heinzel和Koch（2012）基于激光雷达数据使用分水岭分割方法勾绘树冠，再通过融合全波形激光雷达、彩色红外影像和高光谱HyMap影像多个数据源来解决郁闭度较高的温带混交林中的树种分类问题。Chen等（2012）通过面向地理对象的图像分析（geographic object-based image analysis, GEOBIA）方法来整合QuickBird和ALS条带数据，并基于ITCD的结果来估计没有ALS数据点的树冠高度、地上生物量和蓄积量。因此，ALS数据和高空间分辨率多光谱影像的结合对于基于单木的森林调查具有很大的优势。

　　而LiDAR和Radar数据融合大多应用于蓄积量或者生物量反演中。Radar数据提供了相对大尺度的中等冠层回波，而LiDAR刚好提供了能够对Radar量测结果进行校准和细化的互补性数据源（Wulder et al., 2012）。虽然很多研究将SAR和ALS数据融合进行生物量调查（Solberg et al., 2010）、树高估测（Breidenbach et al., 2008）等研究，但少有学者将这两种数据融合来进行单木树冠提取。

3.4　发展动态分析

本书总结了1990～2015年国际上在同行评审期刊和其他来源（例如，不同领域的会议记录，包括遥感和地理信息科学、林业和计算机科学等领域）中发表的关于树冠提取及相关应用的英文期刊文献。在文献选择过程中使用的关键词有树木探测（tree detection）、树冠勾绘（crown delineation）、树木识别（tree identification）。表3.1总结了文献的来源，其中181篇来自同行评审期刊，31篇来自非同行评审期刊（共212篇）。对于同行评审的文献，大多数（约72%）来自遥感和地理信息科学领域，18%的文献来自林业领域，剩下约10%的文献来自计算机科学及其他领域，其中，只包含1篇ITCD文献的期刊被汇总在"其他相关期刊"中。

表3.1　212篇ITCD及相关文献来源总结

领域	期刊名称	数量	总和*
遥感与地理信息科学	*Canadian Journal of Remote Sensing*	7	131
	GIScience and Remote Sensing	3	
	IEEE Transactions on Geoscience and Remote Sensing	6	
	International Journal of Applied Earth Observation and Geoinformation	7	
	International Journal of Remote Sensing	20	
	ISPRS Journal of Photogrammetry and Remote Sensing	15	
	Photogrammetric Engineering & Remote Sensing	16	
	The Photogrammetric Journal of Finland	3	
	Remote Sensing	17	
	Remote Sensing of Environment	31	
	Sensors	3	
	Other related journals	3	
林业	*Canadian Journal of Forest Research*	9	32
	Forests	3	
	Forest Ecology and Management	9	
	Scandinavian Journal of Forest Research	2	
	Urban Forestry & Urban Greening	3	
	Other related journals	6	

领域	期刊名称	数量	总和*
计算机科学及其他	*Computers and Electronics in Agriculture*	2	18
	Computer & Geosciences	4	
	Mathematical and Computer Modeling	2	
	Machine Vision and Applications	3	
	Silvilaser	2	
	其他相关期刊	5	

*总计212篇文献，其中181篇来自同行评审期刊，31篇来自非同行评审的会议、论文及报告。只出现1篇ITCD相关文献的期刊汇总在"其他相关期刊"类中。由于非同行评审的会议、论文及报告来源过于零散，此处仅列出同行评审期刊

研究人员采用了多种数据源去识别和提取树冠。图3.2总结了1990～2015年在ITCD文献中使用的遥感数据源，未使用实验数据的综述性文章（2篇）已经被排除在外。ITCD研究（共210篇）使用的数据可以被分为三类：被动遥感（如多光谱和高光谱数据）、主动遥感（如激光雷达）以及主被动相结合的数据源。由图3.2可以看出，在这些文献中，使用主动遥感数据的ITCD研究超过了一半（52.9%），使用被动数据的占到了36.2%，使用主被动相结合的遥感数据占11.0%。

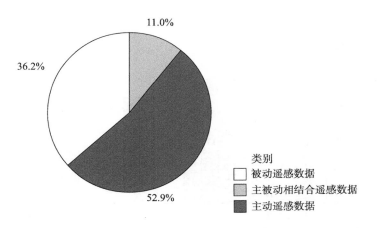

图3.2 1990～2015年ITCD及相关研究中所用遥感数据源的比例（*N*=210）

从1990～2015年发表的ITCD文章趋势可以看出，ITCD研究越来越依赖主动遥

感数据。图3.3显示了1990～2015年在单木树冠提取研究中应用的遥感数据源（被动、主动和主被动相结合）上的变化趋势。在20世纪90年代，ITCD研究的数量很小，因此在统计中使用了11年作为一个时间段（1990～2000年）。这个时期的ITCD研究，被动遥感数据占据了主导地位，是ITCD研究的开端。紧凑型机载光谱成像仪（CASI）和多探测器光电成像传感器（MEIS-Ⅱ）由于其高空间分辨率而被频繁地应用到最初的ITCD研究中。直到21世纪初期，主动遥感数据才被应用于ITCD研究。由于遥感数据有了更高的分辨率，ITCD研究的数量急剧增加。文章数量从1990～2000年的16篇，发展到2001～2005年的47篇，再到2011～2015年的91篇。使用主动遥感数据的ITCD研究占到整个增量（75项研究）的80%，而使用被动遥感数据和主被动相结合的遥感数据在整个增量中占很小的比例（分别为8%和12%）。在最近的15年（2001～2015年），应用被动和主被动相结合遥感数据的ITCD研究数量较稳定，而应用主动遥感数据的ITCD研究有大幅度增长（从17项增至60项）。这主要是由于具有高脉冲频率（如200kHz）和高回波密度（＞10点/m^2）的小光斑（直径0.2～2m）激光雷达数据应用的增加。有些系统提供的高空间分辨率数据（如IKONOS和WorldView-2）可以满足单木测量对地面采样距离的要求。这些数据可用性的增加同样为应用主被动数据相结合进行单木参数提取提供了广阔的应用空间。

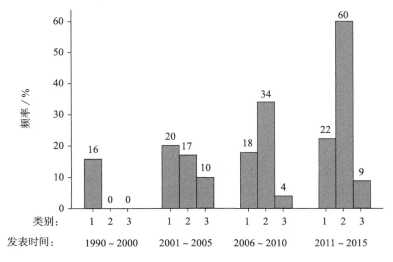

图3.3　1990～2015年发表的ITCD及相关研究中所用遥感数据源按发表时间总结
（1. 被动遥感数据；2. 主动遥感数据；3. 主被动相结合遥感数据；N=210）

第4章

单木树冠提取方法

4.1 单木树冠提取方法的发展

在过去的20年间，研究人员提出了许多自动或半自动的树冠探测和勾绘算法，其中多数ITCD算法是先探测树冠顶点再进行树冠边界勾绘，也有一些算法是将树冠顶点探测和勾绘合为一步完成。绝大多数使用多光谱图像进行ITCD研究遵循的基本假设是树冠顶点位于辐射亮度值局域最大值处，并向树冠边缘方向逐渐减小。在图像域中，经典的树冠顶点或单木位置探测算法有局域最大值滤波法、图像二值或阈值法以及模板匹配法；经典的树冠边界勾绘算法包括谷底追踪法、区域生长法和分水岭分割法（Ke & Quackenbush, 2011a）。这些算法最初都是在应用被动遥感数据的基础上发展起来的，近些年经历了大幅度改进。例如，Hung 等（2012）基于可见光波段影像应用对象 – 阴影关系和阴影与树冠彩色特征的先验知识提出了一种新的模板匹配树冠探测算法。由于此算法中辐射亮度最大值不需要和树冠相对应，这种方法在疏林地的提取效果要优于传统的模板匹配方法。Ardila 等（2011）提出了一种"结合关系和概率"方法来提取高分辨率影像中城市区域的树冠，以解决两个主要问题：第一，他们采用了超分辨率制图方法来探测那些在原图像分辨率上不明显的树木；第二，他们用马尔可夫随机场方法将图像关系信息包含进去，克服了混合像元效应和高分辨率影像上同类地物内部较大的光谱差异。Horváth 等（2006）基于航空像片发表了关于高阶主动轮廓（higher-order active contour, HOAC）算法进行单木树冠提取的理论研究。他们发现HOAC在分离树冠群上比经典的主动轮廓（active contour）模型要好。本章将介绍基于被动遥感数据进行单木树冠提取的一些经典方法，之后侧重介绍基于主动遥感数据或者融合主被动遥感数据进行单木树冠提取的方法。

4.2 基于被动遥感数据的ITCD方法

在过去的20年间，产生了大量的基于被动遥感数据的树冠探测和勾绘算法。

不同算法的不同特征可以在很大程度上影响树冠探测和勾绘结果，因此，对于不同算法的应用可以影响如树木个数、林分密度和树种组成等参数的提取。

一般地，单木树冠提取算法按照其研究目的可以分为两大类：单木位置探测（或树冠顶点探测）和树冠勾绘算法，但是这些类别常常是错综复杂的。Gougeon 和 Leckie（2003）发现一些研究提供了冠幅信息而不是树冠边界轮廓，因此将单木探测和冠幅参数化相结合的方法划分为单独的类别。尽管一些文章仅包含单木探测过程（Pouliot & King, 2005），但是多数 ITCD 研究还是包含了单木探测和树冠边界勾绘两个过程，因为在进行树冠边界勾绘前通常需要进行单木探测（Sheng et al., 2001; Culvenor, 2002; Wang et al., 2004）。一些文章认为单木探测和树冠勾绘是等价的步骤，因为一旦树冠被勾绘出来，单木的位置也就确定了（Gougeon, 1995a）。在本书中，我们将单木探测定义为一个寻找树冠顶点或是定位单木的过程，将树冠勾绘定义为自动确定树冠轮廓的过程，从这点出发，单木探测不仅自身是一个目标，还是树冠勾绘和确定冠幅的一个必要步骤。

在高空间分辨率多光谱影像的三维视图中，中高密度的林区通常表现为类似"山形"的空间结构。由于有较高的太阳高度角，图像上的辐射亮度峰值对应的就是树冠顶点，尤其是具有锥形结构的树冠。反射率向着树冠边界的方向逐渐减少，亮度较高的区域周围较暗的像元就是相邻树冠的阴影区域。因此，树冠探测的问题可以转换为寻找图像中亮度峰值的问题，也就是在周围像元中探索亮度的最大值；树冠边界勾绘也可以转换为勾绘暗谷的问题。根据 Ke 和 Quackenbush（2011a）的研究，本节将基于被动遥感数据进行单木探测和树冠勾绘的方法进行了归纳，并对单木树冠提取之前的图像预处理和增强过程进行了介绍。常用的单木探测的方法有局部最大值滤波、图像二值化、尺度分析和模板匹配的方法，其中局部最大值滤波是最常使用的方法；经典的树冠勾绘方法包括谷底跟踪法、区域生长法和分水岭算法，其中谷底跟踪法最为常用。

4.2.1　图像预处理与增强

大多数基于被动遥感数据的单木树冠提取方法均需要数据预处理过程。与大多数遥感应用相同，单木树冠提取数据预处理的目的主要包括去除由于数据采集引起的图像噪声、增强探测对象（即树冠）和背景（即阴影区域）之间的差异、去除不相关区域（如云和非林地），以及波段选择和提取（Gougeon & Leckie, 2003; Ke & Quackenbush, 2011a）。

有学者研究了多光谱数据中不同波段或波段组合对单木树冠提取的影响。由于近红外波段对植被差异较为敏感，因此经常应用近红外波段进行单木树冠提取。Quackenbush 等（2000）对比了使用近红外和红色波段的平均值、两个波段和的平方根及近红外波段进行单木树冠提取的结果，发现几乎没有差异。对于使用真彩色图像的应用，通常会选择绿色波段（Piktänen, 2001; Gougeon & Leckie, 2003）。对于较高分辨率的影像，图像转换技术经常被用于提取相关波段。Wang 等（2004）对于8波段的CASI数据进行了主成分分析，并分析了包含最大信息的第一分量图像。Bunting 和 Lucas（2006）发现，使用红边和红色波段的比率或红边内不同波段之间的比率能够更好地实现树顶探测和树冠边界勾绘。Pouliot 等在2002年发现，近红外和红色波段差的绝对值有助于减少高空间分辨率（5cm）影像中来自土壤和非顶点树冠像元的光谱信息。Brandtberg（1999）将三个波段的真彩色图像转换到HIS（hue-intensity-saturation）彩色空间来抑制非林地地区的影响。

地形因素可能给单木树冠提取带来巨大的挑战。不同地形区域的影像通常需要进行正射校正以便树冠顶点的位置和地面测量的单木位置进行匹配（Uuttera et al., 1998）。当处理平坦地形或小研究区域时，通常可以忽略地形校正。但是，在实际操作过程中，树冠顶点位置或单木位置很难与地面测量的单木位置相匹配。主要有以下几个原因：①郁闭度较高的林分中GPS信号不强，导致实地测量的单木位置偏差较大；②由于林地中明显参照物较少，树木较多，单木尺度上的匹配相对困难；③通常实地测量的单木位置为胸径高度位置，但在很多情况下，树冠顶点位置并不是单木位置，因此，从遥感数据中探测的树冠顶点位置与地面测量的胸径高度位置偏差较大，也造成了单木尺度上匹配困难。

与地形效应类似，遥感影像也受到辐射效应的影响。由同一传感器观测相同目标得到的辐射亮度会受到如背景光照、大气条件和视角因素的影响。这些因素的影响主要取决于观测平台。例如，视角的几何变化更容易出现在航空像片上，而大气效应对卫星影像的影响较为明显。Leckie 等（1995）研发了一种经验方法，通过对图像上的辐射变化建模来消除双向反射的影响。该方法后来被广泛应用于 Gougeon 和 Leckie 的研究中（Leckie et al., 2003a，2004; Gougeon & Leckie, 2006）。

在辐射校正和几何校正之后，通常使用图像平滑技术来减少由传感器系统引起的图像噪声。Gougeon（1995a, 1995b）使用了一个 3×3 像元的中值滤波器来平滑 MEIS 影像。Pouliot 等（2002，2005）和 Wang 等（2004）应用了高斯平滑滤波器，与中值滤波器相比，它能更好地保留边缘特征。对于高空间分辨率影像，图像平滑还可以减少由同一树冠内其他分枝及其阴影引起的噪声。Brandtberg 和 Walter（1998）使用了等方向高斯核方法来减少多余细节并保留了树冠特征，对于冠幅不同的树冠可以使用不同大小的等方向高斯核。但是，对于分辨率较低的影像，图像平滑可能对树冠和背景之间的边缘模糊区域产生负面影响。

很多研究发现，像元大小对树冠探测和勾绘过程有直接影响。通常，单木树冠提取研究需要将影像重采样到合适的像元。例如，Gougeon 和 Leckie（2006）发现 1m 分辨率的全色影像太过粗糙，无法探测次生林中单木，并应用三次卷积算法将图像重采样到 50cm 像元大小。他们发现三次卷积算法改变了图像强度，可以增强树冠和阴影之间的差异。Gougeon 和 Leckie（2006）提出强度值本身并不是感兴趣的图像特征，而是强度差异。在其他研究中，有学者将高空间分辨率图像重采样到更大的像元，以便处理。例如，Brandtberg 和 Walter（1998）使用双线性内插将 7.5cm 像元大小的图像重采样到 10cm 进行树冠提取研究。

很多研究在单木树冠探测和提取之前需要在图像中提取森林区域，使算法仅应用于树冠及其阴影区域。由于土壤、灌木或草本等非林地区域像元亮度经常较大，很可能被错误地探测成树冠。因此，提取森林掩膜在数据预处理中具有重要地位。分离林地和非林地区域最常见的方法是将单个波段（如近红外波段）变换到 HIS 色彩空间的图像进行二值化。然而，这种方法往往不能提取非森林类型植被。另一种替代方法就是遥感图像分类。例如，可以使用最大似然法的监督分类（Pouliot & King, 2005）或 ISODATA 的非监督分类（Pouliotb et al.,

2005）。Ke 和 Quackenbush（2007）在高空间分辨率的 QuickBird 多光谱影像上应用基于规则的面向对象分类方法提取森林区域。但是，这种分类过程无疑增加了预处理的工作量，使得单木树冠提取工作更加繁琐。

4.2.2　单木位置探测

4.2.2.1　局域最大值滤波器

局域最大值滤波器是基于上面描述的森林影像中的"山形"空间结构假设开发的。通过探测辐射亮度的局部最大值来探测树冠顶点。在早期的研究中，局域最大值滤波器是使用一个固定大小的移动窗口（Gougeon & Moore, 1988; Dralle & Rudemo, 1996），并用它扫描整个图像，如果像元值是窗口内的最大值则将这个点定义为单木位置。窗口大小（如 3×3 像元、5×5 像元、7×7 像元）由用户定义，这基于影像的分辨率和树冠大小。当冠幅相近且观测角度较小时，固定窗口局部最大值滤波算法效果较好。然而，对于树冠大小不一的森林，较大的窗口容易造成树冠较小的树被漏测，造成漏测误差，而小窗口会造成误判错误的增加，一些冠幅较大的树可能被探测为多棵树。这表明在探测局部最大值时使用一个与被测树冠大小相当的可变窗口是十分必要的。

2000 年，Wulder 等提出了利用半方差技术来确定每个树冠的窗口大小。在数字图像分析中，半方差可以衡量像元与其相邻像元组成的样带上像元间的相关程度。对于林区影像，Wulder 等（2000）假设随着树冠边界的接近，树冠中心像元的半方差停止增长。窗口大小可以通过计算每个像元 8 个方向的变异函数的变程来确定。在每个像元的探测窗口内，利用局域最大值滤波器来探测树冠顶点。总体上，可变窗口局域最大值滤波器比固定窗口局域最大值滤波器精度高（Wulder et al., 2000）。

Culvenor（2002）开发了一个不需要确定窗口大小的背景分析（contextual analysis）方法。它利用了树冠"山形"的特征建立了如下的规则来确定树冠顶点：①中心像元的像元值最大；②周围 4 个方向（水平、垂直、2 个 45° 平面）上的像元值要比中心像元值低；③当至少一个方向上的像元值开始增加时停止搜索。遵循这样规则的中心像元可以具有从1到4的频率计数，因此用户需要定义频率计数的阈值。Culvenor（2002）使用这种方法进行估测的精度达到了80%，然而因为这个阈值是对于整个图像的全局阈值，所以该方法可能不适合于更复杂的天然林。

研究者提出了大量方法用以修正最初的固定窗口局域最大值滤波器，以提高其性能。一些研究对固定窗口局域最大值滤波器的结果进行了改善。Wang等（2004）发现，针叶树在垂直投影的影像上为圆形，树冠顶点不仅是辐射峰值，而且还是圆的中心。因此，他提出了在测地距离图像（geodesic image）上探测最大值来修正用3×3像元固定窗口局域最大值滤波得到的结果。只有那些既是辐射最大值又是空间定义的最大值像元才被定义为树冠顶点。Lamar等（2005）提出了一个类似的观点，只不过是用一个欧氏距离图来探测局域最大值。2002年，Pouliot等通过创建一个圆形参考窗口并寻找这种窗口中的局域最大值来改进用小于冠幅的固定窗口局域最大值滤波得到的结果。改善局域最大值算法的基本目的是在保留那些探测正确的像元基础上，减少由小窗口引起的误判错误和由大窗口引起的漏测错误。

4.2.2.2　图像二值化

图像二值化的目的是将灰度图转换成黑白图，其中将感兴趣区域标记为白色，背景区域标记为黑色。树冠和其周围阴影区域的亮度对比可以用来区分树冠和背景。Dralle和Rudemo（1996）对图像的直方图加以分析，并利用直方图众数作为阈值，亮度值比直方图众数大的像元记为单木树干。Walsworth和King（1999a，1999b）使用了一个3×3像元的高通滤波器来分割图像（中心像元权重为+8，周围像元权重为-1），结果图像上的正像元代表树冠顶点。

但是，值得注意的是，在图像上树冠和背景之间的对比度在树冠之间是变化的，这会造成在全图上使用单一阈值只能探测出部分树冠。另外，由于观测角度和辐射亮度的不同，使用全局阈值在不同图像上的表现也不同。Pitkänen（2001）应用并比较了4种局域调整的阈值二值化方法，包括众数阈值、Otsu（1979）方法、Niblack（1986）方法和改进的集成函数算法。从二值化过程中获得的明亮区域被认为是单木树冠，其中通过探测每个树冠区域内的局部最大值来确定树冠顶点位置。Pitkänen（2001）将这4种方法对8个具有不同树种和密度的林分进行了试验。在密度较高的林分中，4种局域调整二值化方法和固定窗口局域最大值方法之间的单木探测精度没有显著差异。然而，在稀疏林地，由于局域调整二值化方法能更有效地从图像中移除背景，因此这种方法探测到非树冠顶点最大值（即误判错误）的比例更低。

4.2.2.3　尺度分析

许多研究发现，尺度是影响单木探测精度的关键因素。由于图像分辨率不变但树冠大小不一，单一尺度难以同时探测到所有树冠。如果尺度选取过大，较小的树冠可能探测不到；如果尺度选取过小，较大树冠可能被识别为多棵树。尺度问题非常常见，需要适当选取以改进树冠探测的精度。然而，我们也可以将尺度直接应用于树冠定位中。当冠幅大于地面像元很多时，尺度分析通常需要先平滑图像。Brandtberg和Walter（1998）应用了一个多尺度图像表示法和将一组尺度参数和原始图像进行卷积的高斯平滑滤波器，结果显示该方法的单木探测精度很高，与手动勾绘几乎相同。然而，与地面参考数据相比，该方法不能区分彼此间隔较近的树木。Pinz（1999b）应用不同大小的平均卷积核来平滑空间分辨率为10cm的影像，并应用不同尺度生成一组图像，在这些图像中探索局部最大值，通过组合这些最大值集合得到树冠中心。Culvenor（2000）通过建立局部最大值的数量和平滑因子之间的关系来确定最优平滑因子。上述Pinz和Culvenor的研究在整个图像上都只应用了一个平滑因子，这样的全局尺度方法不考虑树冠大小，因此，在树冠大小不一的森林中精度较低。Pouliot和King（2005）提出了一种局部平滑因子方法来解决这个问题，该方法能够获取局部尺度并探测不同大小的树冠。

4.2.2.4　模板匹配

模板匹配是用于目标识别的图像处理技术之一。它通过搜索感兴趣对象模型（也称为模板）与图像内各区域之间的匹配进行应用（Gonzalez & Woods, 2007）。这种方法假设对象位于匹配测量的最大值位置。

构建对象模板最简单的方法是从原始图像获取感兴趣对象的代表性示例。Quackenbush等（2000）从具有不同大小树冠的图像中手动选取单木，为航空像片分析研发了一套模板，他们应用覆盖每棵单木窗口的辐射强度值作为模板。Stiteler和Hopkins（2000）应用遗传算法来选择树冠模板。对于这两种模板生成方法，当模板扫描图像时，计算每个像元位置模板和图像之间的统计相关性，相关性高的值对应着单木位置。Pollock（1996，1999）构建了一个考虑了单木的几何和辐射特征的综合图像模板，模板的创建考虑了树冠包络形状的三维描述、传感器的几何特征、场景辐照度、场景辐照度与树冠和传感器辐照度的交互作用（Pollock，1999）。在近底点视角图像中通常假设树冠呈圆形，该方法不仅不受此假设约束，而且还可以模拟树冠在航空像片边缘呈现的典型三角形情况。该方法还消除了手动选择模板的需要，有助于全自动化的树冠探测。Larsen（1997，1999a）通过在模板中加入地表从而对Pollock的模板进行了拓展，这种方法能够模拟背景特征（如树冠阴影）的反射。研究发现模板窗口的大小和形状影响树冠顶点探测的准确性。Larsen（1999b，1999c）提出了一种通过最大化正确探测树冠个数来优化模板的方法。

上述基于单视角图像中的模板匹配方法仅能提供森林的二维视图，而具有不同视角的重叠航空像片集合可以提供森林的立体视图，有助于构造三维树冠。Korpela（2006）使用三维搜索空间来匹配多视角图像中的模板，并且确定树冠顶点的三维位置。Sheng等（2001）应用Pollock的三维树冠描述模型来预测具有不同视角的三幅重叠影像中树冠的视差。他们将能够预测到的视差整合到立体模板匹配算法中，以估测研究图像上每个树冠的三维坐标。Sheng等（2001）基于重建树冠形态提取树高和冠幅等参数，获得大于90%的总体精度。

4.2.3 树冠边界勾绘

4.2.3.1 谷底跟踪算法

谷底跟踪算法最初由Gougeon（1995a）提出，并将其应用在加拿大的成熟针叶林中，在分辨率为31cm的MEIS-Ⅱ图像上自动勾绘单木。此成熟林分具有中等密度特征，并且由于种内和种间竞争相邻树木之间有较好的阴影林隙。从图像的三维视图来看，Gougeon（1995a）认为，阴影林隙可以用"山形"树冠包围的"山谷"来表示。Gougeon的算法不是搜索局部最大值作为树顶，而是搜索局部最小值来作为谷底。谷底由搜索在较高像元值之间的相邻像元来确定。由于一些树枝延伸到相邻树冠会打断谷底跟踪，因此这种方法通常不能将树丛完全分离。在谷底识别之后，Gougeon（1995a）使用了一个基于五级规则的程序来完成树冠轮廓的勾绘。下层树木通过连续跟踪顺时针树冠状边界应用了凸形树冠；较高层树木考虑了一些特殊现象，如树枝伸出并导致树冠边界出现凹槽或导致分割成两棵独立树的现象。Gougeon（1995a）在稀疏的林分对非阴影背景进行了掩膜。

由Gougeon（1995a）提出的谷底跟踪算法已经被开发成一个软件包——Individual Tree Crown（ITC）套件。该算法的许多应用型文章已经发表，文章中讨论了该方法的优缺点（Gougeon & Leckie, 2003; Leckie et al., 2003b, 2005）。其中，大多数早期应用是使用具有30～60cm分辨率的成熟针叶林航空像片，再后来的ITCD研究（Gougeon & Leckie, 2006）使用的是具有1m分辨率的IKONOS卫星全色图像，分割的树冠结果被应用于单木树种分类（Gougeon, 1995b; Leckie et al., 2003a, 2005），研究发现该算法对于相同树种的同龄林效果很好（Leckie et al., 2003b, 2005）。然而，该算法具有一定的局限性，由于较大树冠或自身带有阴影的树冠内部的光照变化，不同的树冠大小会导致一些问题（Gougeon, 1999）。对于彼此接近的幼树或小树可能造成大量的漏测。

4.2.3.2　区域生长算法

区域生长算法是用于分离不同区域或识别对象的图像分割方法。这种方法从一些种子像元开始，逐个检查相邻像元，如果它们与种子像元值足够相似，则将其添加到生长区域。当发现明显边界时，这些像元被标记为属于特定种子像元的区域。在该方法中，为了避免背景或对象本身被过度分割，用户需要提供种子点和停止生长的标准。区域生长法已经广泛地应用于计算机视觉等领域的特征提取中（Gonzalez & Woods, 2007）。

对于树冠边界勾绘，树冠顶点或树木位置像元可以用作种子点，树冠和背景之间的差异可以用于确定停止条件。在 Culvenor（2002）的研究中，使用局部最大值来确定种子位置，Culvenor（2002）建立了三个标准来定义树冠的区域：①树冠像元不能低于某一阈值，这个阈值是由局部最大值的平均亮度和 0 ~ 1 的因子乘积定义的；②树冠像元不能超过局部最小值网络；③两个区域不能重叠。类似地，在 Bunting 和 Lucas（2006）的研究中，树冠区域从局部最大值向周围像元扩展，直到像元和局部最大值之间的差异超过预定阈值为止。其阈值通过目视解译树冠和相邻的背景值来确定。Pouliot 等（2002）提取树冠顶点周围的样带数据，并用四阶多项式来拟合处于样带内部的像元值，当样带中像元值的变化比率达到最大值时停止生长。在样带影像中的最大变化率定义了树冠边缘。Erikson 和 Olofsson（2005）将布朗运动应用在区域生长法中用来勾绘树冠。

非树冠顶点像元也可以被认作为种子点。例如，在 Pouliot 等（2005）的研究中，图像中的每个像元都被用作种子点，以每个像元为中心建立向上梯度。如果由一个 3 × 3 像元窗口的局域最大值滤波器找到了局域最大像元值，种子像元则被列入该局部最大值的区域中。在 Erikson（2003）的研究中，先将原始图像进行阈值化形成具有树冠区域和背景的二值图像，再从此二值图像中生成距离图像，然后将距离图像中的局部最大像元作为种子点。Erikson（2003）使用模糊规则来计算图像中每个像元的隶属值（membership value），从而确定区域边界。

4.2.3.3　分水岭分割算法

分水岭分割算法依赖于以下原理：灰度图像可以被视为地形表面，其中每个像元值可以被认为是高程值，在分水岭分割中，图像灰度值被反转，即局部最大值变为局部最小值，局部最小值变为局部最大值。想象从表面最低点开始"灌水"，为了防止相邻"集水区"中的水随着水位变高而合并，可以在水域线上建立"水坝"。分水岭线被认为是每个子区域（或流域）的边界（Gonzalez & Woods, 2007）。为了避免由于图像噪声引起的过度分割问题，Meyer 和 Beucher（1990）引入了标记控制的分水岭分割算法。Wang 等（2004）采用这种方法基于60cm分辨率的CASI图像对成熟白云杉林进行树冠边界勾绘。首先，使用高斯边缘检测算法中的拉普拉斯算子提取树冠对象，创建了二值化的树冠对象图像，其中背景像素为0，树冠对象像素为1。但是，这种方法也包含了树丛，即不能很好地分离彼此靠近的相邻树冠。Wang 等（2004）使用分水岭算法分离树冠，他们将探测的树冠顶点作为每个对象的标记，再应用标记控制分水岭算法分割从树冠对象图像中生成的测地距离图像，树冠边界被确定为"影响区域"（influence zone）之间的边缘。

类似地，Lamar等（2005）对航空影像产生的欧氏距离图应用分水岭分割算法，用欧氏距离图的局部最小值作为标记。此方法由于连接了冠内阴影产生的小"斑点"而提高了分割的精度，为区分树冠和背景提供了可靠的结果。

4.3 基于LiDAR数据的ITCD方法

由于激光雷达数据在应用主动遥感数据的ITCD研究中占主导地位（97%），因此本节着重讲述基于LiDAR的ITCD方法的发展。利用激光雷达数据的ITCD研究主要是依托树冠高度模型（CHM）或者数字表面模型（DSM），基本假设为树冠顶点位于高度的局域最大值位置，高度的局域最小值即为树冠边界轮廓。基于LiDAR数据三维算法的出现极大地丰富了ITCD方法研究。Koch等将基于激光雷达数据的ITCD方法分为4类：①基于栅格的方法；②基于点云的方法；③栅格、点云与先验信息相结合的方法；④树木形态重建方法。图4.1总结了应用激光雷达数据进行ITCD研究中4种方法的应用比例（共包含136篇应用了激光雷达数据进行单木树冠提取的文献）。在本书统计的212篇ITCD文献中，虽然130篇文章使用了激光雷达数据，但是其中6篇应用了两种方法从而在方法统计过程中计数两次，因此图4.2的数据总量为136。图中显示基于栅格的方法在基于激光雷达的ITCD研究中占据了主导（66.2%），其次是基于点云的方法（20.6%）和栅格、点云和先验信息相结合的方法（9.6%），最后是树木形态重建方法（3.7%）。

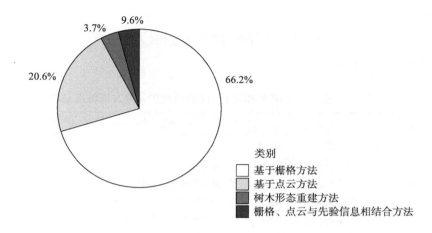

图4.1 应用LiDAR数据进行ITCD研究中4种方法的应用比例总结（N=136）

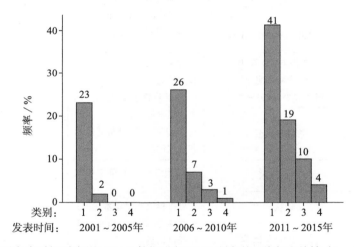

图4.2 按照发表时间对应用LiDAR数据进行ITCD研究的4种方法总结（1. 基于栅格方法；2. 基于点云方法；3. 栅格、点云与先验信息相结合的方法；4. 树木形态重建方法；N=136）

　　图4.2按照发表时间总结了应用这4种方法进行ITCD研究的文献（N=136）。每个时期中，基于栅格方法的文章数量与其他方法相比均占据优势。由于激光雷达数据直到21世纪初才被应用于ITCD研究中，所以2001～2005年只有2种方法（基于栅格和基于点云的方法）应用在ITCD的研究中，且基于点云的方法数量很少。4种方法在2005年之后均大量增加，特别是基于点云的方法（从2篇增

加到19篇）。

表4.1总结了使用激光雷达数据的ITCD的4种方法的特点，4.3.1～4.3.4章节将详细介绍这4种方法。

表4.1　应用LiDAR数据进行ITCD研究的4种方法特点总结

方法	方法举例	优势	劣势
基于栅格的方法	树冠顶点探测：局域最大值；图像二值化；模板匹配 树冠边界勾绘：谷底跟踪法；区域生长法；分水岭分割 基于地理对象的图像分析（GEOBIA）方法	· 开发较完善； · 应用和改进较容易； · 应用GEOBIA方法可以较容易地融合多种数据源	· 由于经历了提取、内插和平滑过程，此方法容易丢失信息或引起潜在误差
基于点云的方法	K–均值聚类技术 基于体元的单木树冠分割	· 容易使用3D信息； · 容易反映树冠结构； · 能够探测灌木或者小树	· 使用起来比基于栅格的方法困难； · 较大程度依赖LiDAR点云密度
栅格、点云与先验信息相结合的方法	经典的ITCD算法+先验信息（树冠大小/林分密度） 影像+点云	· 能够从历史数据中得到有用信息； · 可以将遥感数据与GIS数据整合使用； · 可以同时应用光谱信息和高度信息	· 需要依赖先验信息； · 不同数据源的精确匹配会存在困难
树木形态重建方法	凸包技术 α形状技术 超二次曲面技术 霍夫变换	· 属于进一步的单木树冠勾绘； · 可以提供三维单木轮廓； · 可为估测叶片和光合作用提供信息； · 可应用于进一步的树木生长建模中	· 应用较困难； · 有时要依赖成功的单木树冠分割结果； · 收集样地数据进行验证较困难

4.3.1　基于栅格的方法

由于2005年之前ITCD研究的主流数据源是被动遥感数据，因此，基于栅格的方法较其他方法有更长的发展历史，是激光雷达数据应用中的主导方法也就不足为奇了。所有传统的单木探测和提取算法（如局域最大值滤波器、模板匹配、区域生长法及分水岭分割等算法）均可应用于从激光点云中经过提取、内插和平滑出来的树冠高度模型（CHM）上。除了 CHM，研究人员在 ITCD 研究上也考虑了其他的激光雷达产品。例如，Lee 和 Lucas（2007）提出高度分级的树冠开放指数（height-scaled crown openness index, HSCOI），可以作为 CHM 的一种补充模型，也可以用来辅助对位置、密度以及上下层树高的确定。Chen 等（2006）提出了树冠最大模型（canopy maximum model, CMM），用来消除树冠内部树枝造成的误判误差，并被成功地应用于之后的 ITCD 研究中（Zhen et al., 2014）。不管是被动影像还是 CHM/DSM/CMM 栅格数据，使用基于栅格的方法探测单木通常是在图像中寻找高度的局域最大值，而树冠边界勾绘寻找的是高度局域最小值"山谷"。

近年来，基于栅格的方法主要从两个角度得到了提升：①解决一个特定的难题；②结合面向地理对象的图像分析（GEOBIA）方法。从第一个角度来看，很多 ITCD 研究通过解决一个具体的问题来寻求算法的提升。例如，Gleason 和 Im（2012）提出了在密闭森林类型中提高树冠提取的新方法。他们将基于优化目标识别的树冠勾绘、树冠顶点识别和爬山算法（crown delineation based on optimized object recognition, treetop identification, and hill-climbing, COTH）相结合应用于 LiDAR 数据，得到了 72.5% 的总体面积勾绘精度，并用此结果进行密闭森林区域的生物量估测。COTH 方法是将应用于优化目标识别的基因算法应用于树冠探测上，通过动态窗口的局域最大值滤波器来探测树顶，再应用改进的爬山算法来分割树冠对象。Liu 等（2015）研发了一种"渔网拖拽"算法，并将其应用到树高差异较大的复杂阔叶林中。Zhen 等（2015）提出一种应用于 ALS 数据并考虑生态过程的基于 Agent 区域生长算法，用来解决当树冠触碰时引起的竞争问题（细节请见第 7 章）。

改进基于栅格方法的另一个角度就是应用面向地理对象的图像分析（GEOBIA）方法。基于 GEOBIA 方法提供了一种高效的结合多源数据来勾绘树冠形态的方法。例如，Suarez 等（2005）用 GEOBIA 方法从激光雷达数据和数字航空像片中分离单木，并对单木数量和高度进行估计。Heenkenda 等（2014）基于 WorldView-2 卫星影像和从真实彩色航片中提取的 DSM 应用 GEOBIA 方法分离红树林树冠，并评价了不同的GEOBIA方法。他们发现，对WorldView-2卫星影像应用局域最大值和区域生长结合的方法可以得到最高的精度，而分水岭法适用于高度差异不大的均一森林。由于树冠在特定空间分辨率影像上的大小并不相同，GEOBIA的发展也促进了多尺度在单木树冠提取中的应用。Ardila等（2012）在高分辨率影像上应用多尺度分割的GEOBIA方法进行城市地区单木树冠的探测和勾绘，并成功地探测到70%~80%的树木。Mallinis等（2013）应用GEOBIA多分辨率分割和基于模糊分类方法从林下和其他土地覆盖类型中分割和勾绘树冠区域，用来在异构红松林中估计树冠燃料负载量。Chen等（2012）研发了一种属于多分辨率算法的半自动化GEOBIA方法用来估计在单木树冠水平或小树冠群水平的树冠高度、地上生物量和蓄积量。然而，应用LiDAR数据的基于栅格方法需要进行提取、内插和平滑过程，这些操作均可能引起误差，因此，人们开始研究基于点云的方法来避免以上过程引起的误差。

4.3.2　基于点云的方法

在过去的10年间（2006~2015年），直接使用激光雷达点云的单木树冠提取方法越来越受到研究人员的关注（图4.2）。基于点云的方法主要有两类：①K-均值聚类技术；②基于体元的单木分离。K-均值聚类法是一种常用的、需要种子点并使用距离准则将激光雷达点云进行分区聚类的迭代分割方法。Morsdorf等（2004）发现，应用局域最大值作为种子点对激光雷达点云数据进行聚类分析从而分离单木是可行的。他们从分离的单木中提取树木位置、树高和冠幅，并在防火行为的物理模型中对森林场景进行了几何重建。Gupta等（2010）在ITCD研究中比较了几种K-均值聚类法（包括常规K-均值聚类、修正K-均值聚类以及层次聚类）。Gupta等（2010）发现，逐渐降低高度进行聚类过程初始化，并使用外部种子点的修正K-均值聚类算法效果最为理想。Li等（2012）描述了一个基于三维点的方法，这种方法使用在一个阈值范围内的最高点作为种子点，并且向阈值范围之下的方向生长树簇。这个方法在混交针叶林中表现出色，但是在天然或异龄林分中的表现还有待研究。Kandare等（2014）提出一种利用ALS点云数据的二维和三维K-均值聚类技术来探测上层树木和下层灌木的方法。这种方法探测到的单木个数要多于样地调查的单木个数（样地水平评价），但是在单木水平上与实地调查数据有良好的一致性（单木水平评价）。

体素/体积像素/体元是近些年广泛应用于 ITCD 研究的对激光雷达点云数据的一种表达方式，同时也是探索树冠结构的基本三维要素。Popescu 和 Zhao（2008）在应用局域最大值滤波器对 CHM 进行单木树冠提取的基础上，研发了一种基于体元的方法对冠基高进行估计。Wang 等（2008）用体元代表不同高度树冠层，并通过将归一化点云投影至二维水平面来定义一个局部的体元空间。这种投影是从顶层向下一层一层地移动，并以此来创建对应高度的树冠反射分布的一种表达。Wu 等（2013）提出了一种新的基于体元的标记邻域搜索法（voxel-based marked neighborhood searching, VMNS），这种方法可以从车载激光扫描仪（mobile laser scanning, MLS）点云数据中有效地识别行道树并提取其形态参数。这种 VMNS 方法由 6 个部分组成（包括体元化、计算体元值、搜索和标记邻域、提取潜在树木、提取形态参数以及消除非树冠对象），并且对行道树探测的完整性和准确性超过了 98%。虽然基于体元的方法提供了一种便捷的反映树冠结构的方法，但是，它们受激光雷达点密度的影响很大。由于 LiDAR 数据在树冠顶点处的反射能量更为集中，因此，上层单木树冠通常更容易提取。而下层树冠的反射减小，并且随着相邻树冠的重叠部分逐渐增加，对多层森林的单木树冠提取更加困难。数据质量和林分特征也对体元分辨率有较大影响（Koch et al., 2014）。Wang 等（2008）发现，用点密度为 12 点/m^2 的激光雷达数据生成的 0.5～1m 分辨率的体元数据，可以在同龄多层过熟林中得到最佳的单木树冠提取结果。

4.3.3 栅格、点云与先验信息相结合的方法

随着信息的增加和数据的丰富，研究人员探索了将栅格、点云和先验信息相结合进行 ITCD 研究的优势。这些信息的结合可以使用多种方法：一些研究着重于充分利用先验信息（如林分密度）；而另一些方法着重于结合图像和点云进行分析。

ITCD研究中最常使用的先验信息是树冠大小和林分密度。Heinzel等（2011）提出一种基于先验知识的分水岭分割法。这种方法先使用迭代测定技术对树冠大小进行分类，之后再使用分水岭分割法提取树冠。Chen等（2006）和Zhen等（2014）采用基于估计冠幅的动态窗口局域最大值法来探测树冠顶点。Ene等（2012）提取了具有可变分辨率的CHM，并用基于面积的树干个数估计值来调整过滤器的大小，从而选取最合适的CHM。Hauglin等（2014）设计了一种修正方法，这种方法先应用标记分水岭算法从一个CHM中提取树冠，然后用基于面积的树干个数预测值来调整最后的勾绘结果。

从数据整合的角度来看，ITCD研究经常使用图像和点云结合分析的方法。例如，Reitberger等（2009）基于CHM应用传统的分水岭算法分离单木树冠，再基于点云数据应用归一化分割对CHM下层的小树进行三维分割。Duncanson等（2014）进行了基于CHM分水岭法的单木树冠提取，随后将这个结果用激光雷达点云进行精细化处理。这个算法不仅适用于优势木和亚优势木，也同样适用于中间层和被压的下层树木，并且对于针叶林中灌木的探测效果要比在密闭阔叶林地中好。Tochon等（2015）提出了一种应用于高光谱图像分割的新算法，即二叉树分离（binary partition tree, BPT）算法来分割热带雨林树冠。BPT算法使用从激光雷达提取出的CHM完成原始分割。然而，激光雷达仅用于生成初步分割结果，应用点云数据来克服Tochon等（2015）提到的低估现象还有很大的发展空间。

4.3.4　树木形态重建方法

在ITCD研究中另一种有发展前景的方法就是树木形态重建方法。三维树冠结构可以为估计树叶量和树木光合作用提供重要信息。树木形态重建通常要基于成功的单木分割结果，但是要求在水平和垂直方向有更加精细的信息，在ITCD研究中有较大的研究潜力。树木形态可以使用多种几何方法来进行重建，如凸包、α形状、超二次曲面和霍夫变换。

凸包和α形状是重建树木形态的常用技术手段。凸包的思路是建立起一个可以代表树冠形态的向外弯曲的外壳。这个算法是否成功很大程度取决于凸包输入点的数量。Gupta 等（2010）应用加权平均距离算法探测单木，并比较了正态 K–均值聚类、修正 K–均值聚类以及层次聚类，然后应用一个调整的凸包算法（即 QHull 算法）来进行三维单木形态的重建。Gupta 等（2010）认为，激光雷达点云密度、森林类型、地形、郁闭度以及林分密度是影响树木形态和个数提取的主要因素。Kandare 等（2014）在二维和三维层面上集成 K–均值聚类和凸包算法来探测上层树木和灌木，探测结果与样地数据能够很好匹配。基于凸包技术得到的三维三角形，Vauhkonen 等（2012）提出了 α 形状方法，它是一种应用预定参数（α）作为标准来决定三角形细节的方法。α 形状重建技术实际上是凸包技术的一种特殊形式，当使用一个无限大的 α 值时，这个三角形就是凸包；而 α 值无限小时，这个形状恢复到输入点的集合形式。Vauhkonen 等（2008，2009，2010，2012）应用 α 形状技术选择树木对象来预测单木参数（包括冠基高、树种及树冠蓄积量），发现该方法对应用的点云密度十分敏感。

除了凸包和 α 形状方法，其他的几何形状也可以应用于于建立单木分割模型。Weinacker 等（2004）使用类似椭球和二次曲面的超二次曲面来重建树木形态。超二次曲面具有不同的细节并整合了一系列变形信息。Van Leeuwen 等（2010）使用霍夫变换从激光雷达点云数据中重建树冠表面。他们研发了一种可以通过简单的几何运算即可提取树冠参数的高度树冠模型。Van Leeuwen 等（2010）发现，基于激光雷达点云数据应用霍夫变换在拟合基本的单木原始形状（如锥形）和辅助单木尺度建模方面非常有效。

激光雷达测量、雷达干涉测量和摄影测量是表面重建的三大主要方法（Sheng et al., 2001）。树木形态重建算法通常考虑单木在三维空间中的轮廓，可以提供更多细节，也可以为森林资源调查提供独特的产品。研究人员发现，使用树木形态重建算法在估算树木参数上十分方便。但是，值得注意的是，使用摄影测量学重建树冠表面并不容易，因为树木的位置可能离图像中心很远，在斜视情况下，会出现较大误差，给处理带来许多困难。因此，能够在天底点方向或者很小视角范围内获取高度信息的激光雷达在直接重建树木形态和提取森林参数上存在巨大的发展潜力。例如，Kato 等（2009）应用包裹表面重建（wrapped surface reconstruction）技术从 ALS 数据中精确地提取出针叶和阔叶树种的多种参数（树高、冠长、第一活枝高度和树冠蓄积等）。他们发现，包裹表面重建技术对树木参数的估计误差很不敏感，这是因为在该技术中所使用的径向基函数可以提供精确插值。基于雷达干涉的树木形态重建研究也非常少见。Varekamp和Hoekman（2002）使用干涉SAR模拟图像为自动树冠重建算法提供支持。其模拟的数据可以用来进行自动树木制图算法，用这种算法可以探测树冠并估测三维树冠的位置、大小、形状以及反向散射强度。然而，这种方法相较其他方法要求更多的参考信息（如第一活枝高度、大树枝的位置等），因此收集相应样地数据进行树木形态重建方法的检验非常困难。

第 5 章

单木树冠提取的
其他问题

除了方法之外，许多其他因素同样对单木树冠的提取研究有重要影响，如不同的森林类型和精度检验方法等。本章针对ITCD研究中不同的森林类型和精度检验方法进行探讨，指出目前ITCD研究存在的问题，并对ITCD的研究前景进行展望。

5.1 不同森林类型下的ITCD研究

对于不同森林类型，单木树冠提取的效果不尽相同。图5.1总结了ITCD研究的森林类型，并将它们分为6类：①密闭针叶林；②密闭阔叶林；③密闭混交林；④城市/郊区森林；⑤其他开放森林；⑥多种森林类型。其中，"其他开放森林类型"包括森林–草地、农林混合区、果园等。"多种森林类型"包括以上所提到的一种或几种森林类型。在统计的212篇单木树冠提取及相关文献中，一些研究没有区分森林类型，被排除在外，因此，这里仅对207篇文献进行森林类型统计。由图5.1可知，大多数发表的ITCD研究集中在密闭针叶林（40.6%）。Ke和Quackenbush（2011a）解释了其中两大原因：第一，很多ITCD研究是在高纬度地区进行的，针叶林是该地区的主要树种；第二，大多数算法的基本假设

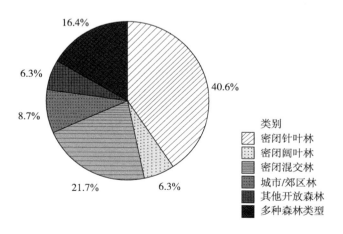

图5.1　ITCD及其相关研究中森林类型总结（N= 207）

为锥形树冠，这也与针叶林最为吻合。密闭混交林占到第二大的比例（21.7%），这些研究覆盖不同气候区的多种森林，如热带雨林和温带森林，并且大多数密闭混交林是天然林。对多种森林类型进行ITCD的研究占到总数的16.4%。其余（21.3%）的ITCD研究均匀地分布在剩下的三个类型中——密闭阔叶林、城市/郊区林和其他开放森林。由于阔叶林有更加复杂的树冠形态，并且树冠经常重叠，与针叶林相比它们树冠顶点的确定和树冠勾绘更有挑战性，因此，密闭阔叶林在ITCD研究中占到很小的比例（6.3%）。

图 5.2 显示了随着时间的推移，ITCD研究针对不同森林类型的变化趋势（N=207）。对于所有时间段，密闭针叶林均是ITCD研究的主要森林类型。2001～2005年，随着密闭针叶林研究数量的增加，对密闭阔叶林、密闭混交林以及多种森林类型的研究数量均有缓慢增加。相比20世纪90年代，近10年（2006～2015）研究人员将他们的ITCD研究的对象从简单的针叶林扩展到更多的森林类型，包括更有挑战性的密闭阔叶林、混交林及开放森林。探索多种森林类型的ITCD文献数量也在渐渐增加（从5篇到19篇）。ITCD算法的发展和多源数据整合极大地促进了所研究森林类型的不断丰富。研究人员发现，一般地，

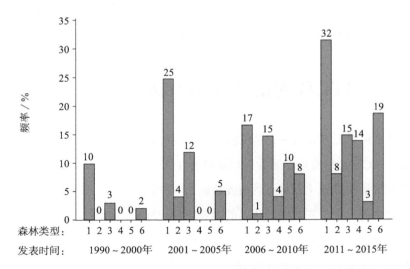

图 5.2 按发表时间总结的1990～2015年发表的ITCD及相关研究中森林类型（森林类型代码：1. 密闭针叶林；2. 密闭阔叶林；3. 密闭混交林；4. 城市/郊区林；5. 其他开放森林；6. 多种森林类型；N=207）

在相同条件下，针叶林比阔叶林的提取精度更高，同龄林比异龄林的提取精度更高，纯林比混交林的提取精度更高，疏林比密林的提取精度更高。识别被压制和弯曲的树木仍然是ITCD研究中的一个难题。

除了逐渐增加的数据类型和不断完善的算法，像无人机、车载和地面平台这些遥感平台的丰富，也同样加速了研究人员针对不同森林状况下的单木树冠提取研究。例如，Jaakkola等（2010）使用了一种由GPS/IMU定位系统、两台激光扫描仪、一台CCD相机、一台光谱仪和一台热红外照相机组成的低成本激光扫描系统来实现树木的测量。他们将该系统安置于车载平台，并应用获取的数据开发了一种目标提取算法进行城市森林的单木提取，获得90%完整性和86%正确率。这种车载平台还可以为基础研究和新概念的开发，特别是具有广阔前景的多时相数据记录提供机遇。Holopainen等（2013）对多种不同公园型森林进行树木探测，并对比了机载、地基和车载激光扫描测量的精度和效率，发现地基系统和机载系统比较适合城市树木制图。Wu等（2013）首次提出了基于车载激光扫描数据的街道单木形态参数的自动提取。Lin等（2015）应用倾斜无人机影像去研究城市森林和绿化，包括探测居民地内的单木。这些逐渐增加的遥感平台为在不同森林类型下探测和提取单木提供了可能。同时，新型平台获取数据的本质不同也会反过来推动针对特定平台的ITCD算法研发。

5.2 ITCD的精度检验方法

除单木树冠提取方法外，精度检验方法也是ITCD研究中一个需要探讨的重要问题。ITCD的精度检验通常有以下两个主要目的：①确定单木的探测精度，包括单木数量和位置（点对点的精度检验）；②检验树冠边界的勾绘质量，即算法勾绘的树冠边界与真实树冠边界的吻合程度（面对面的精度检验）。这两种目标的评价分别可以在林分/样地水平和单木水平上进行。林分/样地水平上的精度检验是一种非特定位置的精度评价，即无需将算法探测到的树冠顶点或边界与参考树冠的顶点或边界相对应，而是以林分/样地为单位进行评价，如探测率或者树冠面积相对误差，林分/样地水平的平均精度指标可以避免复杂的单木位置匹配过程。而单木水平的精度检验是特定位置的精度评价，即探测到的树冠顶点或者勾绘的树冠边界与参考树冠顶点或树冠边界需要进行位置与位置的严格对应。例如，误判误差（ITCD算法探测出的单木实际并不存在）和疏漏误差（参考单木没有被ITCD算法探测出来）均属于单木水平的精度检验。单木水平的精度检验是一种比较严格的检验过程，通常在探测单木与参考单木的位置匹配上存在一定难度。表5.1总结了几种ITCD检验方法的特点，并根据检验水平和目标列举了常用精度指标。

表 5.1　ITCD 精度检验的特点总结

精度检验水平	检验目标	精度指标举例	特点
林分/样地水平	树顶点探测（点精度）	· 探测率/探测百分比	· 非特定位置的精度评价； · 避免复杂的单木位置匹配过程； · 容易实施； · 对于ITCD算法检验是一种不全面的精度评价方法
	树冠边界勾绘（面精度）	· 林冠郁闭度，冠幅均值和分位数； · 树冠面积相对误差	
单木水平	树顶点探测（点精度）	· 精确回收率曲线（包括精度和回收率）； · 正确率指标，误判误差，漏测误差； · 定位误差向量的RMSE，探测到唯一点或探测到多点	· 特定位置的精度评价； · 在样地中测量准确的单木位置和树冠边界作为参考数据十分困难； · 将算法探测的单木或勾绘的树冠边界与参考单木位置或树冠边界相连接存在一定困难； · 不容易实施； · 对于ITCD算法检验是一种较全面的精度评价方法
	树冠边界勾绘（面精度）	· 树冠重叠的20种类型； · 冠幅的均方根误差； · 单木分类的绝对正确率； · 1:1, x:1, 1:x； · 总体精度，生产者精度，用户精度，树冠重叠的9种类型	

图5.3将ITCD研究中应用的精度评价方法分成4类：①林分/样地水平评价；②单木水平评价；③包含两种水平的评价；④无精度验证。排除2篇综述性文章，参与精度验证方法统计的ITCD文献数量为210篇。大多数研究要么采用单木水平评价（30.0%），要么采用多级评价（23.3%），这比仅使用林分/样地水平评价（14.3%）更加全面。然而，令人惊奇的是，几乎1/3的研究没有进行精度

评价（占到总体的32.4%）。追其原因发现，这样的研究常常侧重于利用ITCD结果进行森林参数估计，因此更关注所估计森林参数的准确性，而不是单木树冠的提取精确率。

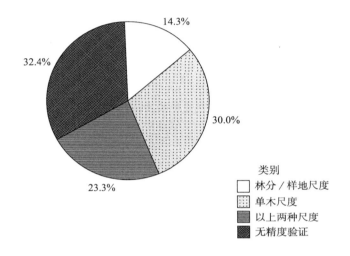

图5.3　ITCD及其相关研究中应用的精度评价方法总结（N=210）

ITCD验证方法和文章研究重点的关系如图5.4所示。我们将ITCD及其相关文献的研究重点归纳为4类：①ITCD算法的研发；②将ITCD结果应用于参数估计或用已有的算法比较不同数据集；③同时考虑算法研发及其应用；④比较不同的ITCD算法或ITCD研究综述。由图5.4可知，大多数没有精度验证的ITCD研究（55篇）均属于应用类型的ITCD研究。与侧重算法研发的ITCD研究相比，这类研究试图使用ITCD的结果，较少考虑算法精度的验证。单木水平评价在侧重算法研发的ITCD研究中占据主导地位（38篇，约占41%）。

图5.5按照发表时间将ITCD相关文献的研究重点进行了总结（N=210）。由图5.5可知，1990～2000年，单木树冠提取研究的总量很少（仅16篇），关注点集中在ITCD算法研发上。2001～2005年，ITCD研究的主要关注点转变为应用ITCD结果进行单木参数的提取研究，包括估测单木的冠幅、胸径、郁闭度和立木蓄积量等，从而进行林分水平的分析以及实现树种分类。这种趋势很大程度上是由于提供高度和蓄积测定优势的主动遥感数据的大量应用。2006～2010

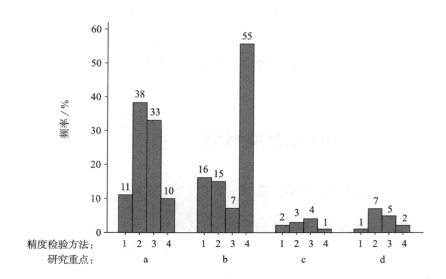

图5.4 ITCD及其相关文献中应用的检验方法按照研究重点总结（精度检验方法代码：1．林分/样地水平评价；2．单木水平评价；3．包含两种水平的评价；4．无精度验证。研究重点代码：a．ITCD算法研发；b．ITCD结果应用；c．ITCD算法研发及其应用；d．ITCD算法比较或综述；N=210）

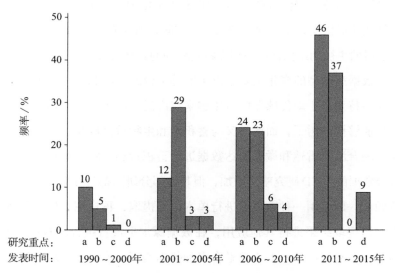

图5.5 按发表时间总结的1990～2015年发表的ITCD及相关文献中的研究重点（研究重点代码：a．ITCD算法研发；b．ITCD结果应用；c．ITCD算法研发及其应用；d．ITCD算法比较或综述；N=212）

年，ITCD算法研发出现反弹趋势，与ITCD应用研究数量基本持平。2011年后，ITCD算法研发的相关研究持续增长，成为主要的研究目标。在过去5年间，ITCD研究数量的持续增长同样映射了近年来主动遥感数据在该项研究中应用的增加（参见第3章图3.3）。

5.3 存在的问题及展望

5.3.1 ITCD研究现状总结

多年来，单木树冠提取以它的重要性、多样性和可发展性吸引着林业、遥感及计算机视觉等领域的众多学者。本书从遥感数据类型、ITCD方法、森林类型、精度评价方法和研究重点几个不同角度对单木树冠提取的当前研究现状进行分析总结，得到结论如下。

（1）主要遥感数据源的转变。ITCD研究在经过早期以被动遥感数据为主导后，近些年正在经历一个向主动数据源的大幅度转变，同时，高空间分辨率的主被动遥感数据源相结合的ITCD应用也有少量增加。由于主动和被动遥感数据可以互补性地提供垂直（高度）和水平（空间几何和光谱）信息，基于ITCD结果，融合后的主被动影像往往应用在特定树种的森林调查中。

这种数据源类型的变化主要是由于遥感平台的发展和多种遥感数据源可用性的提高，特别是主动传感器的应用越来越广泛。由于微波雷达具有较强的穿透能力，能够探测树干，而树干又与蓄积量和生物量高度相关，一些研究人员尝试通过融合激光雷达和微波雷达数据进行蓄积量和生物量调查。虽然应用主被动融合数据的ITCD研究略有增加，但是大部分研究都是在单木树冠产品水平上进行融合，即仅用一种数据源进行单木树冠提取，再应用另外一种数据源基于单木树冠提取结果进行其他应用，在数据源水平进行融合的ITCD研究却很少。因此，在数据源水平上直接融合多种数据实现单木树冠提取过程将会是未来ITCD研究中非常具有吸引力的话题。完整而充分地应用多种遥感数据源会进一步促进新技术的发展，并为下一代树高和树冠勾绘方法的产生提供支持。

（2）ITCD算法的改进。近年来，ITCD算法主要从以下两个方面进行改进：①改善传统算法以解决某一具体问题；② 研发充分利用主动遥感数据或者适用于主被动相结合数据的新算法。然而，将ITCD算法应用于复杂林况时（如密闭阔叶林和密闭针阔混交林）仍然存在巨大挑战。此外，将一个算法从一种森林类型应用到另一种森林类型时也存在一定困难。

当研究重点不同、研究区域不同、实验数据不同以及精度评价方法不同时，比较ITCD算法是没有可比性的。在2005年之前，很少有应用相同数据进行ITCD方法比较的研究。在最近的10年中，方法比较和综述型ITCD研究数量小幅度增加（图5.5）。在遥感数据源发生转变的背景下，同样，ITCD方法的比较研究也由应用被动遥感数据转变为应用主动遥感数据的方法比较。一个使用价值较高的ITCD方法不仅要有良好的提取精度，还要使用简便。同时，研究人员也对不同森林类型下算法性能与数据质量的关系给予了关注。例如，Vauhkonen等（2012）在不同森林类型中应用ALS数据测试了基于栅格和点云的6种ITCD算法。他们研究了数据获取参数（如采样密度）的重要性，结果显示，基于单木的方法在较密集的激光扫描下效果最好（每平方米5～10个脉冲），而对于拥有较大树冠的成熟林来说，每平方米2个脉冲也可达到要求。Kaartinen等（2012）发现，进行ITCD研究的最佳点密度很大程度上取决于树冠大小和林分密度，在林况较简单、树木形状较规则的情况下，即使点密度为每平方米仅有2个回波的点云数据也可能完成单木树冠提取。对于幼龄林来说，往往要求每平方米10个甚至更高的点密度才能完成单木树冠提取。然而，没有一个ITCD算法可以适用于所有林况，而成功的单木探测大多与林分密度和树木的空间布局有很大关系。

改进ITCD算法的一个可能思路是利用由辐射亮度（被动影像）或高度（激光雷达数据）向量的空间协方差来代表树冠结构。Clark等（2005）意识到树冠结构会影响每个树冠中光谱信息的空间协方差结构，但这种空间成分往往没有考虑在光谱分析中。研究人员同样发现，图像变异函数的参数特征与森林树冠结构有密切的关系，如基台值与影像中树冠密度紧密相关。然而，这种类型的空间分析很少应用于单木树冠提取的过程中。

对于复杂林况，ITCD算法的另一种改进思路是提高对重叠树冠的处理技术。随着树冠的生长和重叠，单木树冠的形状由于竞争而发生改变。大多数ITCD研究往往关注的是单木在遥感数据上所显示的特征，而忽视了如树木竞争等生态过程。研究人员已经开始考虑从不同的角度来纳入这些过程。Zhen等（2015）提出一种基于Agent的区域生长（agent-based region growing, ABRG）算法，考虑了基于树高和密度的生长和竞争机制。他们发现，ABRG算法从统计角度显著地提高了针叶林和阔叶林的单木树冠提取精度，这也为传统ITCD算法和生态过程的结合提供了一个新方法。Hyyppä等（2012）发现，基于激光雷达点云数据最后一次回波提取的表面模型比第一回波产生的DSM模型在重叠树木间有更明显的落差。因此，Hyyppä等（2012）应用最后一次回波提取的表面模型实现了单木探测过程，最终较使用DSM得到的单木树冠提取精度提高了6%。Reitberger等（2009）将传统分水岭分割与树干探测方法相结合，这种方法对冠基高以下部分应用分层聚类方法探测树干位置，用稳定的RANSAC-based估计重建树干，并且用归一化分割方法分割三维单木，这种方法可以有效地探测树冠下的小树。Strîmbu和Strîmbu（2015）将"自下而上"的策略应用于图形分离算法，这种算法包含若干个数量化衔接指标和平衡每个指标贡献量的权重系统，为在不同森林结构中实现单木树冠提取提供了一种有效途径。Lu等（2014）也提出一种基于激光雷达强度和3D结构的"自下而上"的ITCD方法，他们发现对于阔叶树，使用这种方法提取树干可以比传统的"自上至下"方法更加有效。然而，树冠顶点并不总是与树干位置完全匹配。在天然阔叶林中，树冠顶点会因为自然原因（如风灾）与胸径高度处的树干位置距离很远。这种在不同ITCD方法中应用不同的单木位置定义对后续林业应用的影响还没有很好的研究。

（3）扩展ITCD应用，以解决在多种森林类型中的单木树冠提取问题。虽然大多数ITCD研究都是在针叶林中进行的，但是研究人员已经开始研发适用于更加复杂森林类型（如密闭阔叶林和针阔混交林）的ITCD方法。这种现象不仅是由于算法的不断发展，同样也依赖于新型遥感数据源和遥感平台的不断丰富。对其他森林类型（如农林景观、城市/郊区森林或者果园）进行单木树冠提取研究，也极大地丰富了传统ITCD研究及其相关应用。

（4）对标准化ITCD精度评价方法的需求不断增加。虽然大多数ITCD研究进行了精度评价，但是对于这一问题并没有一个标准化的评估框架，这也使得很难去比较或评价不同的单木树冠提取方法。ITCD研究中精度评价的难点在于两个方面：①参考数据的获得；②精度评价指标的选取。ITCD精度评价所用的参考数据一般是目视解译得到的或者实地收集的。这两种来源都很容易产生偏差，并且有些定义模糊不清。例如，大多数ITCD研究探测的单木位置是树冠顶点，而由于光照、风等自然条件的干扰，很多树木呈现偏冠状态，或树冠顶点与树干位置相差甚远。实地测量的单木位置往往是胸径高度处的坐标位置，这就使得ITCD算法探测的单木与实测单木位置出现本质偏差，无疑给单木树冠提取的精度验证带来了挑战。而且，由于林地中明显地物很少，即使是专业人员，将实地测量的单木位置与影像中单木位置进行精确匹配也并不容易。此外，评价标准在不同研究中也是多种多样的。例如，用于单木数量评价的样地水平精度指标；包括误判误差和漏测误差的单木水平精度指标；用来比较提取冠幅与实测冠幅的均方根误差；包括过度识别、识别不足和总体勾绘误差的树冠勾绘评价指标等。评价指标应用的不一致不仅给ITCD方法检验带来挑战，同时也使不同ITCD研究的比较更加复杂。对于ITCD研究，急需建立一个包含样地和单木两个评价水平的标准精度评价框架。

5.3.2 存在的问题

近20多年来，虽然单木树冠提取研究得到了飞速发展并取得了令人瞩目的成绩，但仍然存在一些不可忽视的问题。

（1）虽然主动遥感和被动遥感数据均应用到了单木树冠提取当中，但大多数研究都是基于单一数据源进行的，或者没有充分使用遥感数据源（例如，只使用了光学遥感中的一个波段进行提取），其他数据只是以辅助性参数提取或后处理的形式参与研究，没有实现真正意义上的数据融合。如何在单木树冠提取过程中结合多源遥感数据（尤其是主被动遥感数据融合）来提高提取精度，依然是目前林业遥感需要解决的一个重要问题。

（2）很多单木树冠提取算法不稳定，主要针对某一树种或林况较为简单的区域进行，尚没有方法完全适用于复杂林况。由于单木树冠提取算法对郁闭度较高森林中的单木提取还有一定困难，并且自动化程度不高，目前还不能大规模应用到森林调查的生产实践中。

（3）多数单木树冠提取算法没有合理地考虑和处理树冠重合部分。有些算法不允许树冠提取结果有重合现象，更没有考虑树木间竞争对于树冠提取精度的影响，不符合树木的实际生长规律，也无法用于未来的精确森林调查与监测。

（4）单木树冠的检验数据获取繁琐，致使当前很多研究都是基于目视解译的结果，检验效果不理想。同时，单木树冠提取尚没有统一的精度检验标准及工作流程，并且检验过程繁琐，效率较低，致使对单木树冠提取方法的对比和科学评价成为此项研究的一个难点。

在现阶段的单木树冠提取研究中，同龄针叶纯林仍然占据很重要的地位，因为它们大多形状为中心高、四周低的伞状，分布也较为规则，容易在遥感影像中辨认。同时，研究人员把关注焦点逐渐由较规则的针叶林转移到较复杂的阔叶林或针阔混交林；从简单、规则的林况转移到复杂林况。在未来的研究中，多数据源融合、在提取方法中考虑更多林业及生态学知识，将会是单木树冠提取的一个研究方向。自动单木树冠提取将为未来的精准林业提供最基础、最重要的技术保障。

5.3.3 展望

单木树冠提取研究是现代化森林调查和精准林业的一个基础环节。虽然目前 ITCD 研究已经对森林资源调查做出一定贡献，但仍然有发展和改进的空间，特别是主动遥感数据的不断应用。随着遥感数据源的日新月异，单木树冠提取及其在森林调查中的应用面临着前所未有的机遇和挑战。

ITCD 的精度不仅依赖提取方法，很大程度上还取决于使用数据的质量、特点和森林类型。一个简单的、可重复的精度评价过程对于估计不同项目中的 ITCD 精度也同样至关重要。由于林地环境复杂，遥感数据多样，不同的方法呈现出不同的工作特性和适应情况。林况越简单，单木树冠提取的精度往往越高；针叶林的提取精度往往高于阔叶林精度；同龄林一般高于异龄林提取精度，纯林一般高于混交林提取精度；非郁闭或稀疏林分的提取精度一般高于郁闭或密度较大林分的提取精度（Forzieri et al., 2009; Gougeon & Leckie, 2006; Pouliot et al., 2005）。当处理复杂林况时，并没有一种方法能很完美地对单木树冠进行提取。如今，国外的相关研究已经考虑了更多的复杂情况，如树冠内部的结构、树木间的竞争等，但这些方法还处于试验阶段，对林分中压倒木及幼树的单木树冠提取仍然是这项研究的难点（Hirata et al., 2009），因此没有广泛地应用到生产实践中。

国内大多数的单木树冠提取研究还是集中在比较简单、规则或郁闭度不大的林分中，应用范围窄，自动化程度不高，技术手段不完善，和国外相比仍具有较大差距。我国应该抓住机遇，在现有理论实践基础上加大这项基础应用的研究力度，缩短国内外研究差距，将单木树冠提取技术应用到现代化的森林经理实践中。随着技术的不断发展和增强，在将来，研发一套完整的、可通过所提供数据和森林类型选择适当方法的 ITCD 应用软件来促进森林资源调查是非常必要的。这种软件的开发需要来自林业、遥感与计算机科学等领域专家的广泛合作才能实现。目前应用的 ITCD 算法还没有稳定到大规模应用于复杂森林类型的程度；但是，我们正在向将自动化单木树冠提取技术应用于更加广泛的森林资源调查的目标迈进。

第6章

ITCD 实例：基于标记控制区域生长法的单木树冠提取

为了进一步让读者理解单木树冠提取研究，第 6~7 章分别以两篇单木树冠提取的 SCI 文章为例，从细节上展示了完整的单木树冠提取过程，供读者学习。两篇文章均是典型的以实验为基础的科技论文，分为研究背景与目标、研究区域概况与数据来源、研究方法、研究结果、结论与讨论几大部分。本章所涉及的原文发表在 2014 年的 *Remote Sensing* 杂志上：

Zhen Z, Quackenbush LJ, Zhang LJ. 2014. Impact of tree-oriented growth order in marker-controlled region growing for individual tree crown delineation using airborne laser scanner（ALS）data. Remote Sensing，6：555-579.

这是一篇基于标记控制区域生长法进行单木树冠提取的文章，主要探讨了应用激光雷达数据配合正射影像图进行单木位置探测过程、应用标记控制区域生长法进行树冠边界勾绘过程，并探讨了生长顺序对区域生长法单木提取精度的影响。本章内容相对独立，基础好的读者可以越过之前章节，直接阅读本章，但建议读者在阅读此部分时要了解遥感技术的基本知识、单木树冠提取的基本过程以及精度评价的基本内容，从而有助于更好地理解和消化。

6.1　研究背景与目标

历史上，森林资源调查很大程度上依赖于专业人员进行的既昂贵又耗时的外业调查，而单木测量是森林资源调查的一个重要组成部分。20 世纪中期，航空像片开始应用于森林资源调查，图像分析弥补了野外工作效率低的缺陷。然而，通过图像目视解译得到单木信息仍然是一个高成本和劳动密集型的过程。因此，研究人员致力于通过遥感数据自动提取单木树冠，从而得到单木和林分水平的信息。高空间分辨率影像和小光斑激光雷达数据的应用极大地支持了现代森林资源调查方法。准确的树冠提取是精准林业必不可少的组成部分，可以用来进行冠幅、胸径、郁闭度、树高和生物量的估测，并能够提高树种分类和树木生长评价精度。

传感器空间分辨能力的提高在新型应用的发展中扮演着非常重要的角色。在过去的 20 年中，高空间分辨率数据极大地激励了林业、遥感和计算机视觉领域进行自动化和半自动化单木树冠提取的研究。自动单木树冠提取通常要求地面采样距离小于 1m。近年来，ITCD 研究的一大趋势就是应用主动遥感数据和高空间分辨率遥感数据相结合。应用于 ITCD 研究中的最主要的主动遥感数据源就是小光斑机载激光雷达（ALS）数据。三维 ALS 数据可以提供很多从光谱影像中很难提取的高空间分辨率统计特征（如树高）。Hyyppä 等（2001）应用高脉冲率激光扫描仪对北方森林区域的单木进行探测，并提取林分特征，如平均高、断面积和单木材积。Yu 等（2004）应用小光斑、高采样密度的 ALS 数据探测成熟林单木并进行树木生长量估测。Forzieri 等（2009）应用树冠高度模型（CHM）研发了一个高效、低成本的自动探测单木位置和勾绘树冠边界的方法，并用来估测植被密度。很多研究人员从光谱影像和激光雷达数据的结合中受益。Leckie 等（2003b）用激光雷达数据和光谱影像分别进行单木提取，再将从两种数据中提取的树冠合并用来估测单木水平和林分水平的树高。主被动数据的结合同样有利于树种分类和对其他单木参数的估计。但是，将 LiDAR 和光谱影像结合到单木树冠提取过程中的优势仍有待研究。

研究人员研发了多种多样的自动和半自动单木树冠提取算法。大多数 ITCD 研究遵循的基本假设是树冠顶点位于辐射亮度（光谱影像）或高度（激光雷达数据）的局域最大值处，辐射亮度或高度值向树冠边缘逐渐减小。许多 ITCD 算法要求树冠边缘勾绘之前先要进行树冠顶点提取，如标记控制分水岭分割。区域生长法是用来进行树冠边缘勾绘的另一种经典图像处理方法。这种方法由一系列种子点开始生长，直到满足停止条件为止。对于区域生长法有两个至关重要的问题：①从哪里开始；②到哪里结束。一些研究中应用的区域生长法只是用区域生长法作为一种"填充式"方法，其中应用的停止条件是由其他算法勾绘出的边界。这种情况下，"生长"过程实际只是将区域内的像元附上标记，而不是决定区域的生长边界，不属于本章讨论的区域生长法范畴。这里讨论的区域生长法是应用生长过程中固有的停止条件将像元或子区域合并到更大的区域中。研究人员可以应用不同种子点并定义多种多样的规则来控制生长过程，但是很少有 ITCD 研究考虑算法内部生长顺序的影响。Mehnert 和 Jackway（1997）发现，区域生长法中面向单木的生长顺序会影响单木树冠提取精度。他们解决了 Adams 和 Bischof（1994）算法中的顺序依赖问题。但是，像素处理过程中顺序的影响还没有彻底解决。

本研究的目的包括：①探索结合 ALS 数据和正射影像对树冠顶点探测精度的影响；②探索基于 ALS 数据应用标记控制区域生长法中生长顺序对树冠边界勾绘精度的影响，算法考虑树冠内像元值的同质性、冠幅和树冠形态。本研究为在 ITCD 研究中应用区域生长算法提供技术支持。

6.2 研究区域概况与数据来源

6.2.1 研究区域概况

本章研究区域为 Heiberg 林场，位于美国纽约州塔利市（42.75°N，76.08°W），归属于纽约州立大学环境科学与林业学院（The State University of New York College of Environmental Science and Forestry，SUNY-ESF）。Heiberg 林场被海拔为 382～625m 的群山环绕，该林场提供了能够代表美国东北部森林生态系统的样地（Ke & Quackenbush，2011b）。阔叶树主要包括红花槭（*Acer rubrum*）、糖枫（*Acer saccharum*）、红橡木（*Quercus rubra*）、多种山毛榉（*Fagus* spp.）和桦木（*Betula* spp.）；针叶树主要包括红松（*Pinus resinosa*）、雪松（*Pinus strobus*）、挪威云杉（*Picea abies*）、铁杉（*Tsuga* spp.）、北方白雪松（*Thuja occidentalis*）和美洲落叶松（*Larix laricina*）（Pugh，2005）。本研究选取了 Heiberg 林场的一块 1000m×1000m 地块，如图 6.1 所示，从中选择两块同龄挪威云杉林样地：样地 1 为 1.4hm²（95m×150m），样地 2 为 2.4hm²（120m×200m）。

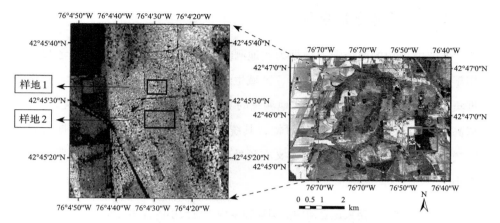

图6.1　研究区域：纽约州塔利市 Heiberg 林场，1000m × 1000m 地块中的样地1和样地2
（树冠高度模型，从2010年 ALS 数据中提取）

6.2.2　遥感数据来源

本研究应用的主动遥感数据是2010年8月10日由 Kucera 国际公司负责飞行
的机载 ALS60 传感器获取的多次回波 ALS 数据。Kucera 公司用 TerraSolid 软件
包对原始激光数据进行处理，生成树冠点云数据和地表模型。ALS 数据特征见
表6.1。

表6.1　本研究使用的ALS数据特征

参数	值
脉冲速率	183.8kHz
视角	28°
飞行高度	487m
飞行速度	150knots
点密度	$> 7pts/m^2$（平均点密度：12.7pts/m^2）

本研究使用的正射影像是从纽约州 GIS 数据交换网站（http：//gis.ny.gov/
gateway/mg/2006/cortland/）获取的。正射影像具有4个波段（蓝、绿、红和近红
外），像元大小为0.6m，采集于2006年4月树木生长季之前。但是，这种季节性
特征对针叶林的树冠提取影响不大。正射影像和 ALS 数据的配准过程见6.3.4。

6.2.3 参考数据来源

本研究应用的两个参考数据为实地测量数据和目视解译数据。参考数据应用于数据预处理、树冠顶点探测、区域生长法规则研发和精度验证中。实测数据集（*ref-field*）包括2008年实地测量的770棵树，并记录了树干位置、胸径、树高、南北和东西两个方向的冠幅，其统计值见表6.2。实地测量数据用来建立树高与冠幅之间的关系，以定义在预处理和树冠顶点探测过程中需要的窗口大小。

表6.2 用来建立回归的树高和平均树冠大小的描述型统计量

变量	最小值	均值	中值	最大值	标准差
树高 /m	15.4	27.0	27.3	32.8	2.4
平均冠幅 /m	1.4	4.2	4.0	10.3	1.4

另一个参考数据集（*ref-ALS*）来自目视解译，用来建立区域生长算法中的规则。*ref-ALS*数据集包含基于研究区域CHM图像手动勾绘的205棵针叶树。本研究应用一系列半径20m、分布在50m间隔栅格上的采样圆来控制抽样过程，提高非概率抽样对数据的影响。由于*ref-ALS*数据是用来建立树冠顶点与最大树冠伸展点对应高度之间关系的，因此，理想的情况是能够在每个采样圆内选取参考单木，而且参考单木需要尽可能与其他单木相分离，即尽量选择自由树。但是，一些采样圆中不存在针叶树或者没有足够清晰的针叶树，因此并不是每个采样圆中都能采集到参考树样本。

本研究精度检验应用的是样地1和样地2中的参考树冠顶点（*ref-treetop*）和参考树冠（*ref-crown*）数据集。参考树冠是从树冠高度模型（CHM）和正射影像图中目视解译并手动勾绘得到的。参考树冠顶点是在*ref-crown*数据集中心点的基础上手动调整到CHM数据的局域最大高度值处得到的。这些数据集包含了样地1和样地2中所有的树冠顶点和树冠边界，为树冠顶点探测和树冠边界勾绘结果的质量验证提供保障。

6.3 研究方法

6.3.1 研究方法总述

本研究用于单木树冠提取的方法包括5个主要步骤：数据预处理、树冠顶点探测、数据后处理、树冠边界勾绘和精度检验。所有步骤用Matlab R 2011b软件编程实现。技术路线如图6.2所示。

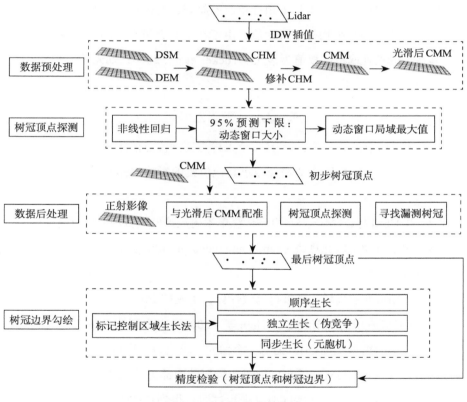

图6.2　本研究技术路线图

6.3.2 数据预处理

本研究数据预处理的目的是从ALS数据中提取栅格高度表面数据。应用ALS数据的ITCD研究通常是用树冠高度模型（CHM）或者数字表面模型

（DSM）进行的，基本假设为树冠顶点位于高度局域最大值处。Chen等发现，在树冠顶点探测过程中应用树冠最大模型（CMM）可以减少误判误差。CMM使用了邻域范围内最大高度来避免树枝引起的"伪"树冠顶点。本研究技术路线图如图6.2所示，具体包括以下步骤。

（1）应用反距离权重法（inverse distance weight, IDW）分别对ALS数据的第一回波和最后一次回波点进行插值，生成数字表面模型（DSM）和数字地形模型（DTM）（像元大小为0.5m）。

反距离加权插值算法是基于相近相似的原理，通过计算未知点附近各个已知点的测量值的加权平均来进行插值，由于在空间上越靠近的事物或现象越相似，其在最近点处取得的权值为最大（Tucker et al., 2006；刘光孟，2010），一般公式如式（6-1）所示：

$$z_p = \sum_{i=1}^{n} \left(d_i^{-u} \times z_i \right) / \sum_{i=1}^{n} d_i^{-u} \qquad (6-1)$$

式中，z_p 为插值点的高程值；d_i 为第 i 个采样点到插值点的距离，d_i^{-u} 为距离衰减函数；指数 u 具有随着距离的增加减小其他位置的影响的作用；z_i 为第 i 个采样点的高程。

（2）将DSM与DTM作差，得到传统单木树冠提取中常用的树冠高度模型。

（3）用半自动坑填充算法（semi-automated pit-filling algorithm）对CHM上的数据坑进行修补。

（4）应用可变的局域邻域进行滤波计算，生成CMM。

由于CHM表现的细节较多，Chen等（2006）提出了树冠最大模型CMM，即用一定大小的窗口扫描CHM的每一个像元，求出每个窗口内的高度最大值作为像元值，并发现CMM能够更好地避免树冠的内部树枝造成的单木识别误差。因此，本研究先用可变窗口对CHM进行过滤，得到CMM，剔除图像的噪声。本研究中，生成CMM的窗口大小是通过 *ref-field* 数据建立的"树高-冠幅"非线性回归的95%预测下限定义的，具体过程见6.3.3。

对于大树来说，并不是所有的"伪"树冠顶点都能在生成CMM时移除，因此需要用高斯滤波平滑CMM。对图像进行高斯平滑的过程就是对整幅图像的值进行加权平均的过程，图像中任意一个像元值，都由其邻域内的其他像元值及其自身的像元值经过加权平均后得到。高斯滤波的具体操作是：用一个卷积核扫描所要处理图像中的每个像元，卷积算出的每个像元邻域内灰度值的加权平均值，作为该像元值。二维等方向高斯函数如式（6-2）所示：

$$G\left(x,y\right)=\frac{1}{2\pi\sigma^2}\times\mathrm{e}^{-\frac{x^2+y^2}{2\sigma^2}}$$ （6-2）

式中，x 为横坐标，y 为纵坐标，高斯核中心为原点（0，0），σ 为高斯分布的标准偏差。

式（6-3）为标准偏差为 1 的高斯函数的离散估计矩阵，应用此估计矩阵作为核函数对 CMM 进行高斯平滑，得到平滑后的树冠最大值模型（smoothed canopy maximum model, SCMM），进一步解决 CMM 粗糙引起的树梢点误判问题。

$$\boldsymbol{G}_{5\times5}=\frac{1}{273}\begin{bmatrix}1&4&7&4&1\\4&16&26&16&4\\7&26&41&26&7\\4&16&26&16&4\\1&4&7&4&1\end{bmatrix}$$ （6-3）

6.3.3　单木位置探测

本研究中假设单木位置与树冠顶点位置一致，并应用可变窗口局域最大滤波器（local maxima filter, LMF）在 SCMM 模型上识别树冠顶点。窗口大小是局部最大值法进行树冠顶点探测的关键要素。与之前 CMM 平滑相似，窗口大小是由树高 – 冠幅关系建立的非线性回归的 95% 预测下限决定的。树高 – 冠幅的非线性回归由 Statistical Analysis System（SAS）9.3 软件包拟合完成，方程如式（6-4）所示：

$$y=\mathrm{e}^{0.075+0.048x}$$ （6-4）

式中，y 表示冠幅；x 表示树冠高度。非线性回归可以通过自然对数转换为线性回归。如果用回归曲线定义窗口大小，那些树高比平均值小的单木就会被漏掉，即回归曲线以下点代表的小树会探测不到。Chen 等（2006）发现，利用回归方程的 95% 预测下限（95% lower predicted limit, LPL）作为动态窗口，有利于对小树的探测。对于 $Y=X\beta+\varepsilon$ 线性回归（X 为自变量矩阵；Y 为因变量矩阵；β 为参数矩阵；ε 为残差矩阵），95% 的预测下限定义为式（6-5）：

$$\tilde{Y}_x = \hat{Y} - t(1-\alpha; n-2) \cdot \sqrt{s^2 + xSx'} \qquad (6-5)$$

式中，$\tilde{Y}_x$ 为给定树高 x 的树冠预测下限；s^2 表示均方误差；α 为置信水平，t 是以 $n-2$ 为自由度的 t 分布函数的反函数；S 为参数估计 $(X^TX)^{-1} \cdot s^2$ 的协方差矩阵，T 表示求逆矩阵；$\hat{y}$ 表示非线性回归（图 6.3）预测的冠幅大小（Chen et al., 2006; Zhen et al., 2014）。动态窗口能够保证探测窗口随树高而改变，从而避免固定窗口在单木位置探测中的局限性。

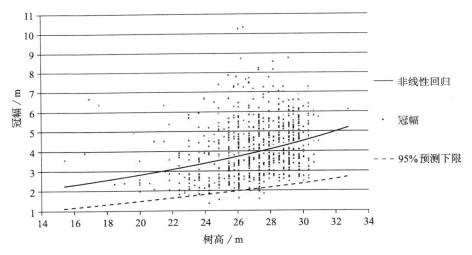

图 6.3　冠幅与树高的非线性回归关系

树高与冠幅的关系如图 6.3 所示。实线为非线性回归，代表预测冠幅的平均水平；虚线则代表对应高度的 95% 预测下限。虽然减小 α 可以进一步减小漏测误差，但是更小的窗口更容易产生较大的误判误差。因此，本研究应用 $\alpha=0.05$ 来平衡漏测误差和误判误差。这一过程中探测到的树冠顶点作为标记控制区域生长算法的种子点。

6.3.4　数据后处理

经过上述过程，我们应用平滑后的 CMM 减少树冠顶点提取过程中由于

"伪"树冠顶点引起的误判误差；同时，使用 95% 预测下限作为窗口减少小树引起的漏测误差。但是，仍然有一些小树会漏测，虽然这些小树的高度在激光雷达数据中不容易被探测，但它们在多光谱影像中很可能会有足够的光谱信息被探测。因此，本研究应用正射影像来作为 SCMM 的补充数据提高树冠顶点探测精度。本研究根据计算 SCMM 和正射影像之间的相关系数寻找最佳匹配位置将两个数据源配准。两个图像的相关系数定义为式（6–6）：

$$r = \frac{\sum_{i=1}^{n}(X_i-\bar{X})(Y_i-\bar{Y})}{\sqrt{\sum_{i=1}^{n}(X_i-\bar{X})^2}\sqrt{\sum_{i=1}^{n}(Y_i-\bar{Y})^2}} \tag{6–6}$$

式中，X_i 是 SCMM 中第 i 个像元的高度值；$\bar{X}$ 是 SCMM 像元值的平均值；Y_i 是正射影像绿色波段第 i 个像元的辐射亮度值；$\bar{Y}$ 是正射影像绿色波段辐射亮度的平均值。

ITCD 研究中经常应用的是多光谱数据中的绿色波段，本研究也同样使用正射影像的绿色波段。理论上，树冠顶点既是激光雷达数据上的局域最大值也是绿色波段中的局域最大值，因此基于多光谱数据和 SCMM 上提取的树冠理论上是一致的，或差别不大。在数据后处理过程中，应用本章 6.3.3 描述的可变窗口局域最大值法对正射影像绿色波段进行树冠顶点探测。对于每一个从绿色波段上提取的树冠顶点，用式（6–4）预测的树冠大小定义一个窗口，并在窗口中寻找基于 SCMM 探测到的树冠顶点。对于那些在正射影像上识别出的、但在 SCMM 中未识别的"潜在单木"，需要用高度阈值来减少由草本和灌木引起的误判误差。如果"潜在单木"的树高高于树冠大小窗口中其他像元高度值的某一阈值，就被认为是漏测单木。本研究检验了 6 个高度阈值，分别为 50%、55%、60%、65%、70% 和 75% 分位数，其物理意义为，如果"潜在单木"的树高高于树冠大小窗口中其他像元高度值的 50%、55%、60%、65%、70% 或 75% 分位数时，被认为是漏测单木。

绝大多数 ITCD 算法是对单一波段进行处理的。研究人员也应用了多种波段或波段变换（如主成分分析）来代表多光谱影像中的光谱信息。在后处理过程中，本研究用第一主成分（PC1）代替绿色波段进行了测试。4 个波段的正射影像产生的PC1包含92.68%的原图像信息，但是，经过测试，应用PC1和应用绿色波段的结果类似，应用绿色波段的精度略高。在未来ITCD的研究中，应用多光谱波段或整合多传感器数据进行单木树冠提取的优势可以从产品和输入两个水平上探索。然而，应用多传感器数据时，精确匹配问题仍然是一个巨大挑战。

6.3.5　树冠边界勾绘

6.3.5.1　标记控制区域生长法

区域生长法的基本原理是将具有相似或相同性质的像元集合起来构成新的区域（初青瑜，2010；郭永飞等，2011）。区域生长法是以选定的种子点作为生长目标的起始点，依照事先制订的生长顺序和生长规则对生长点的邻域像元进行一致性检测，即判断其邻域的像元值是否满足事先制订的生长规则（李久权等，2006）。如果其邻域像元满足一致性判别准则，就把这些像元并入该生长区中，如果不满足则丢弃，从而完成图像分割（黄谊和任毅，2012；罗文村，2001）。本研究应用的标记控制区域生长法，用探测的单木位置作为了区域生长法的起始点，并根据实际树木生长特征建立生长条件，完成单木边界的提取。

本研究依照树冠的结构特征，为图像分割的一致性检测制订了6个生长条件，分别为：①矩形性（rectangularity, R）；②最小矩形的长宽比（R_{lw}）；③是否为种子点的邻域像元或新的起始点（new starting pixel, NSP）；④每个区域高度标准差；⑤区域面积；⑥树冠顶点和树冠最边缘点的高度差。树冠最边缘点见图6.4中的A点。

这6个条件按照一定的循环完成树冠的生长。其中，条件1和条件2用来控制生长区域的形状，条件3～6描述邻域像元的生长规则，具体内容如下：

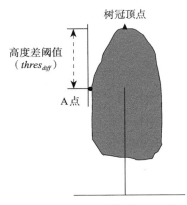

图6.4　高度差阈值（$thres_{diff}$）

（1）条件1：矩形性。矩形性（R），又称角形比，是衡量生长区域形状的尺度，是生长区域面积与此区域相切的最小矩形面积之比，如式（6-7）所示：

$$R = \frac{A_o}{A_r} \qquad (6-7)$$

式中，A_o为树冠的生长面积；A_r为与生长区域相切的最小矩形面积，范围为0 ~ 1。

对于一个半径为1的正圆来说，A_o为π，A_r为4（图6.5），矩形性$R=\pi/4=0.785$。因此在本研究中，要求任意一个生长区域的矩形性在0.5 ~ 1（$0.5 < R < 1$），以保证生长区域接近圆形树冠形状。

（2）条件2：最小矩形长宽比。由于可能出现某区域比较接近矩形，从而矩形性（R）较大的情况，因此只设置矩形性这一个标准控制树冠生长区域的形状是不

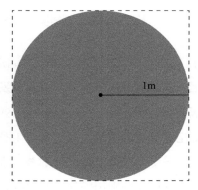

图6.5 正圆的矩形性（0.785）示意图

够的。为了更好地控制树冠生长的形状，避免使树冠生长的形状过于偏离圆形，本研究设置了另一个控制树冠生长形状的标准，即与树冠生长区域相切最小矩形的长宽比（R_{lw}）。计算公式如式（6-8）所示：

$$R_{lw} = \frac{R_l}{R_W} \qquad (6-8)$$

式中，R_l、R_w分别为与树冠生长区域相切最小矩形的长度和宽度。对于正圆形，$R_{lw}=1$，本研究中通过反复试验设定R_{lw}的阈值为2，即每个生长区域的最小矩形长宽比应小于2（$R_{lw} < 2$）。条件1和条件2相互配合，在循环过程中检查每个生长区域的形状。如果不满足条件1或条件2，该种子点停止生长。

（3）条件3：邻域像元。第3个条件是检查某像元是否是一个种子点或新起始点（NSP）的邻域像元，即定义每次生长范围。本研究利用一个共有12个像元的二阶棋盘最邻近型邻域（the second order rook nearest neighbor）（图6.6），因为此探测形状比其他邻域形状更接近于圆形，可以较好地代表树冠形状。在

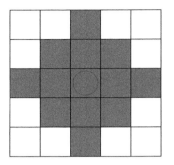

图6.6　二阶棋盘最邻近型邻域示意图

每次生长循环中，对每个种子点的邻域像元进行条件判断，只有符合生长条件的邻域像元被合并到此种子点的所属区域中，即区域得到生长。在这12个邻域像元中，与种子点距离越近、高度差越小的像元生长潜力越大，即越优先得到生长。

（4）条件4：高度变异阈值。一般来说，同一树冠内部的像元高度值差异要小于不同树冠内部的高度差异。本研究应用每个生长区域的高度标准差来控制树冠内部高度的同质性。研究人员发现，由于图像变异函数的特征参数与森林树冠结构高度相关（Cohen et al., 1990），因此本研究用SCMM模型的变异函数来确定高度变异阈值。对于每个生长中的树冠，如果树冠内部的像元高度的标准差小于变异函数对应的标准差，则允许此树冠继续生长，否则，此树冠停止生长。本研究分别用球状模型和指数模型对每块样地的SCMM数据进行变异函数曲线拟合，发现指数模型的拟合效果最好，如图6.7所示，指数模型的形式如式（6-9）所示：

$$\gamma(h)=\begin{cases}\left[a+(\sigma^2-a)\cdot(1-e^{-3h/r})\right] & h>0 \\ 0 & h=0\end{cases} \qquad (6\text{-}9)$$

式中，$\gamma(h)$为变异函数；h为两像元之间距离；a为块金常数；σ^2为基台值；r为变程。其空间相关性随距离的增长以指数形式衰减，相关性消失于无穷远。

图6.7显示了基于SCMM的变异函数拟合结果。对于样地1和样地2，拟合的变异函数均不存在反应随机误差的块金效应，即两块样地的像元高度值没有随机效应。样地1和样地2的总体高度方差分别为22m^{2}和16m^2。对于0.5m的像元大小，样地1在8m（即16个像元）距离后不存在空间自相关，而样地2在6.5m（即13个像元）距离后不存在空间自相关。当一个新的像元加入某区域时，需要计算这个区域高度的标准差。高度标准差阈值（$thres_{std}$）是该区域像元最大距离在变异函数上对应的方差的平方根（即标准差）。如果该区域在加入新的邻域像元后高度标准差大于$thres_{std}$，则删除该像元。

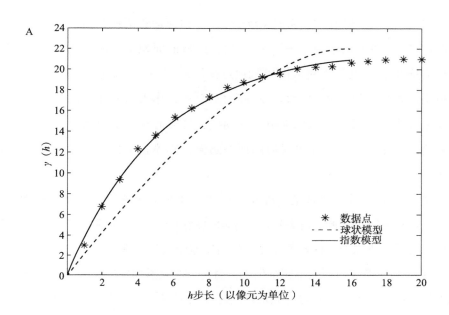

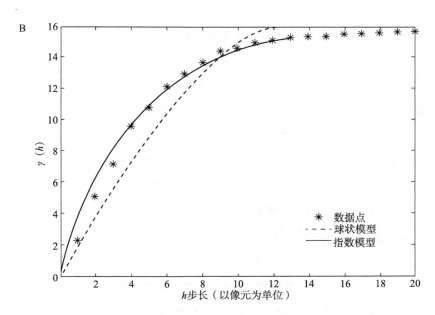

图 6.7　基于 SCMM 的变异函数拟合

A. 样地 1：块金值 = 0，基台值=22，变程=16，模型=指数模型；B. 样地 2：块金值= 0，基台值=16，
变程=13，模型=指数模型（虚线为球状模型，实线为指数模型）

（5）条件5：树冠面积阈值（$thres_{area}$）。树冠面积阈值是树冠边界勾绘中控制过度生长的一个重要因子。每个生长区域的面积不应超过特定树高对应的树冠面积。树冠面积阈值由树冠顶点探测过程中预测冠幅的式（6-4）计算得出。根据估测的冠幅计算出对应的圆面积，作为树冠面积阈值。在每次生长循环中，当每个邻域像素被添加到生长区域时都需要对新的树冠面积进行检测，如果区域面积超过对应的面积阈值，则停止生长，以避免树冠生长过大。

（6）条件6：高度差阈值（$thres_{diff}$）。对于本研究区域的针叶树，树冠内部任意一点与树冠顶点的高度差都应小于树冠最边缘点与树冠顶点的高度差，将每棵树树冠最边缘点与树冠顶点之间的高度差定义为每棵树生长的高度差阈值（图6.4）。为了避免树冠的不完全生长，当一个像元添加到生长区域时，如果其他生长条件都满足，但其与树冠顶点的高度差刚好大于阈值时，也将其添加到生长区域内，但这个像元随即失去生长能力，即无法在下一个循环中生长。如果在其邻域像元中没有发现新的种子像元（NSP），则这个生长区域将会停止生长。

高度差阈值采用基于体元的方法进行估算。每棵树内的点云可以建立起一个代表在不同高度值接收到的激光雷达点数量的伪波形，如图6.8A所示。根据树冠的结构特征，接收到点频率越高的地方，树冠的横截面积相对越大，在伪波形函数中接收激光雷达点频率最多的一点（地面点除外）即为树冠横截面积最大点，即图6.8A中实线所示的位置，就是研究中要找到的树冠最边缘点。应用ref–ALS数据集中选取的200棵自由树提取伪波形，ref–ALS数据集描述见本章6.2.3，从伪波形中估测的树冠最边缘点高度（Hgt_{crown}）与树高（Hgt_{tree}）建立线性回归，公式为（6-10），用来预测对于任意一个树高对应的树冠最边缘高度。Hgt_{crown}与Hgt_{tree}的线性回归系数R^2为0.758，拟合效果如图6.8B所示。高度差阈值（$thres_{diff}$）即为树冠最边缘点与树冠顶点之间的高度差，并且可以根据树高不断变化。

$$Hgt_{crown}=0.799 \times Hgt_{tree}+ 2.623 \tag{6-10}$$

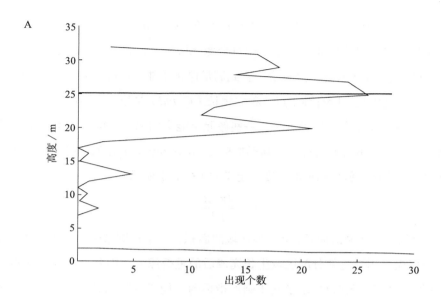

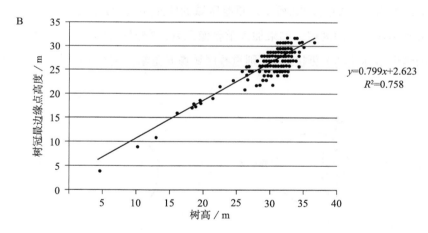

图 6.8 A．用于识别树冠最大边缘点高度的伪波形实例（以 3 号树为例）；B．树高（Hgt_{tree}）与树冠最边缘点高度（Hgt_{crown}）的线性回归

6.3.5.2 生长顺序问题

本研究中的生长顺序指的是区域生长算法完成所有种子点生长过程的顺序，即如何处理种子点的生长过程。这里探讨了三种不同的生长顺序：①顺序生长

（G_seq）；②独立生长（G_ind）；③同时生长（G_sim）。对于这三种生长顺序的基本假设是在最终的树冠勾绘图中每个像元属于且仅属于一个树冠。顺序生长法（G_seq）是生长完一个种子，直到满足停止条件，再进行下一个种子的生长，即顺序地生长完所有种子点。独立生长（G_ind）是指独立地同时生长每一个种子，在生长完全部种子点时，一些像元可能会归属于不同的单木。基于圆形树冠的假设，本研究通过计算圆形指标（circularity, C）分配这些像元。圆形指标表示一个区域偏离圆形的程度，定义如（6-11）所示：

$$C = \frac{4\pi \cdot A}{P^2}$$
（6-11）

式中，P 是一个区域的周长；A 为该区域的面积；对于正圆来说，$C=1$。由于这个方法仅仅是用来重新分配区域生长完成后的重叠像元，因此将这个过程称为"伪竞争"过程。图6.9显示了基于圆形指标的"伪竞争"。例如，$Tree_1$ 和 $Tree_2$ 的重叠面积为 O_a，如图6.9A所示。重叠区域的像元要重新分配给加入重叠像元后圆形指标比较大的区域。如果加入重叠像元后，2号树的圆形指标（C_2）比1号树的圆形指标（C_1）更接近1，则重叠区域像元重新分配给2号树，如图6.9B所示。

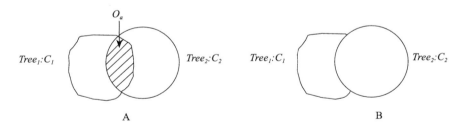

图6.9　基于圆形指标的"伪竞争"过程

A．重叠区域的公共像元；B．重叠区域像元被重新分配后的树冠边界（假设 $C_2 > C_1$）

同时生长（G_sim）法是基于自动元胞机的思想进行的，许多简单的自动元胞机只有对给定现象存在与否两种状态。本研究中，每个树冠顶点也是一个只有两种状态的自动元胞机：生长和停止。基于自动元胞机方法同时生长所有种子点，但是每次循环只能生长每个树冠的一部分，因此，根据树冠大小不同种子点需要不同的生长时间。一个单独的生长循环包含所有树冠NSP的生长。在每次特定循环中，每个树冠以 NSP 为起点生长，为下一次循环寻找 NSP，再进入等待状态直到所有单木完成这次循环。G_sim、G_seq 和 G_ind 方法的停止条件一致，树冠边缘的空间移动通过对邻域像元的扩散完成。以 G_sim 为生长顺序的区域生长法技术流程如图6.10所示。

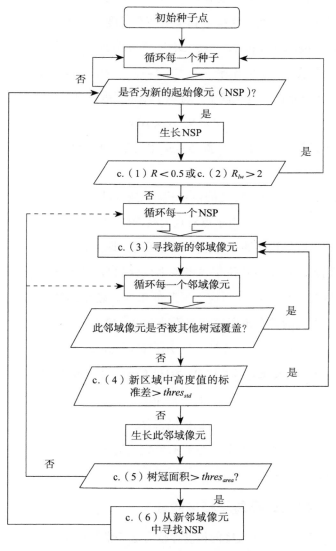

图 6.10　以 G_sim 为生长顺序的区域生长法技术流程图

c.(i)代表第 i 个条件；NSP 代表新的起始像元

6.3.6 精度验证

6.3.6.1 单木位置精度验证

1）样地尺度　　本研究中单木位置探测应用的参考数据是解译人员结合高空间分辨率航空影像通过目视解译提取的。为了更好地对单木探测精度进行评价，本研究单木位置探测分为样地和单木两个尺度。样地尺度的评价指标为单木探测百分比（detection percentage, DP），表示样地内探测到的单木个数（N_d）占真实单木总个数（N_r）的比率，如式（6-12）所示。这种非特定地点的检验指标提供了一个样地的整合正确率，避免了单木尺度位置精确匹配。

$$DP = N_d / N_r \times 100\% \qquad (6-12)$$

式中，N_r为真实单木总个数，即参考数据中的单木总个数；N_d为探测到的树木总个数。

2）单木尺度　　单木尺度的位置检验需要对探测单木与参考单木进行匹配，评价探测单木的位置。由于点对点的精确匹配不方便定义，因此，探测树冠位置与参考树冠位置能够在一定范围内匹配，即为正确的单木位置。本研究中，如果探测到的单木位置位于参考单木位置的1m缓冲区内，且仅探测到一个种子点，则被称为"1∶1对应关系"的单木。较小的缓冲区范围可以将参考树冠点附近出现的多个树冠顶点个数最小化。单木尺度的精度验证指标包括"1∶1对应关系"的单木个数（$N_{1:1}$）、用户精度（user's accuracy, UA）和生产者精度（producer's accuracy, PA）。PA和UA的公式如式6-13和式6-14所示：

$$PA = N_{1:1} / N_r \qquad (6-13)$$

$$UA = N_{1:1} / N_d \qquad (6-14)$$

式中，$N_{1:1}$为"1∶1对应关系"的单木个数；N_r为参考数据中的单木总个数；N_d为探测到的树木总个数。

6.3.6.2 树冠边界勾绘精度验证

1）样地尺度　　样地尺度的精度评价方法经常被应用在单木树冠提取研究中，以避免一些探测树冠与参考树冠位置不能精确匹配的问题。本研究中，树冠边界勾绘精度检验的样地水平精度指标为树冠面积相对误差（relative error of crown area, RE），该指标表示的是勾绘树冠总面积和参考树冠总面积的差异，如式（6-15）所示：

$$RE = \frac{A_d - A_r}{A_r} \times 100\% \qquad （6-15）$$

式中，A_d 为勾绘树冠的总面积；A_r 为参考树冠总面积。若 RE 为正，则表示用区域生长法探测的树冠总面积较大，大于树冠参考总面积；若 RE 为负，则表示区域生长法探测的树冠总面积较小，小于树冠参考总面积。

2）单木尺度 多年来，研究人员开发了多种多样的单木尺度树冠勾绘评价指标。本研究选取了基于 1 ∶ 1 树冠匹配的生产者精度（PA）用户精度（UA）来进行树冠边界勾绘评价。1 ∶ 1 匹配树冠指的是探测到的单木树冠面积与参考单木面积重叠部分占探测树冠面积和参考树冠的面积比例均超过 50%。与单木位置探测的精度检验相似，对于树冠勾绘评价的 PA 和 UA 公式同式 6-13 和式 6-14。其中，N_r 为参考树冠总个数；N_d 为探测树冠总个数；$N_{1∶1}$ 为探测到的 1 ∶ 1 匹配树冠的总个数。

虽然生产者精度和用户精度均能从单木尺度对树冠探测精度进行评价，但是它们不能描述在树冠探测过程中出现的错误类型，因此，本研究结合树冠位置和树冠面积总结了 9 种在树冠探测过程中出现的情况，进一步探讨树冠边界勾绘算法的表现。9 种情况的具体定义如下。

（1）1 对 1 匹配——即探测到的单木树冠面积与参考单木面积重叠部分占探测树冠面积和参考树冠的面积的比例均超过 50%（图 6.11A）。

（2）匹配但未完全生长——即探测到的单木树冠与参考单木树冠重叠，重叠面积占探测树冠面积的比例高于 50%，但占参考树冠面积的比例小于 50%（图 6.11B）。

（3）匹配但过度生长——即探测到的单木树冠与参考单木树冠重叠，重叠面积占参考树冠面积的比例高于 50%，但重叠面积占探测面积的比例小于 50%（图 6.11C）。

（4）错位匹配——即探测到的单木树冠与参考单木树冠有重叠的部

分，但重叠部分的面积占参考单木面积和探测单木面积的比例均不超过50%（图6.11D）。

（5）1对多匹配——即一个参考的单木树冠在探测的过程中被探测为若干个，且其中至少有两个与参考单木树冠重叠的面积占与其对应探测树冠面积的50%以上（图6.11E）。

（6）多对1匹配——即在探测过程中将多个参考树冠探测成一个，且其中至少有两个参考树冠与探测面积重叠的部分占其对应参考面积的50%以上（图6.11F）。

（7）多重相交——即在探测过程中一棵参考树冠被探测成若干个，其中至少有一个探测树冠与参考树冠的重叠面积占对应的探测树冠面积的比例为0～50%（图6.11G）

（8）误判误差——即不存在与探测树冠对应的参考树冠（图6.11H）。

（9）漏测误差——参考树冠未被探测到（图6.11I）。

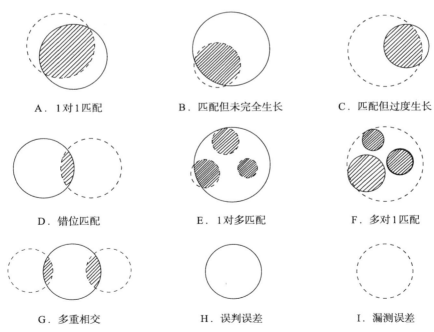

图6.11　单木树冠提取的9种案例

实线圆代表参考树冠；虚线圆代表探测树冠

综上所述，样地尺度的检验是指以样地为单位，不考虑单木位置探测或勾绘树冠是否与相应的参考单木位置或参考树冠相对应；而单木尺度的检验考虑每棵树的位置信息，需要提取的树冠与参考树冠相对应。单木树冠提取的检验包括两个方面：①单木位置探测的准确性（点对点检验），包括位置的对应和探测个数的对应两个方面，单木位置探测的精度检验都是点对点的检验；②树冠边界勾绘的准确性（面对面检验），包括总面积的对应和每个探测树冠与参考树冠面积的对应。即分别从样地尺度和单木尺度对单木位置探测和树冠边界勾绘两个过程进行精度评价。表 6.3 列出了本研究单木位置和单木树冠提取的检验方法，包括检验指标及公式说明。同时，本研究也在单木层面上对 9 种提取的树冠案例做出分析（图 6.11），总结算法产生出不同情况的个数，为进一步了解算法的优缺点并改进算法提供依据。本研究检验方法科学性强、层次清晰，可为单木树冠提取研究提供一个完整的精度检验体系。

表 6.3　单木位置探测及树冠边界勾绘精度检验指标汇总

检验过程	检验尺度	检验指标	公式及说明
单木位置探测过程	样地	探测百分数	$$DP=\frac{N_d}{N_r}\times100\%$$ N_d 是此样地中探测树冠顶点总个数；N_r 是此样地中参考树冠顶点总个数
	单木	生产者精度	$$PA=\frac{N_{1:1}}{N_r}\times100\%$$ $N_{1:1}$ 是树冠顶点 1：1 对应的个数；N_r 是参考树冠顶点的个数
		用户精度	$$UA=\frac{N_{1:1}}{N_d}\times100\%$$ $N_{1:1}$ 是树冠顶点 1：1 对应的个数；N_d 是探测树冠顶点的个数
树冠边界勾绘过程	样地	树冠面积相对误差	$$RE=\frac{A_d-A_r}{A_r}\times100\%$$ A_d 是此样地中勾绘树冠总面积；A_r 是此样地中参考树冠总面积

续表

检验过程	检验尺度	检验指标	公式及说明
树冠边界勾绘过程	单木	生产者精度	$PA = \dfrac{N_{1:1}}{N_r} \times 100\%$ $N_{1:1}$是树冠1∶1对应的个数； N_r是参考树冠的个数
		用户精度	$UA = \dfrac{N_{1:1}}{N_d} \times 100\%$ $N_{1:1}$是树冠1∶1对应的个数； N_d是探测树冠的个数
		单木案例分析	9种不同情况（图6.11）

6.4 研究结果

6.4.1 ALS与正射影像相结合对单木位置探测的影响

本研究目的之一是探索在单木位置探测过程中应用正射影像作为ALS数据补充数据源的效果。当基于SCMM数据进行单木位置探测过程中被漏测的单木在正射影像的绿色波段中有局域最大值，同时高于SCMM上树冠大小窗口中像元高度的某一分位数时（即高于某一高度阈值），这样的漏测单木就能够被识别。表6.4总结了单独应用ALS和将ALS与正射影像相结合进行单木位置探测的精度检验结果。6个高度分位数阈值（即第50、55、60、65、70和75分位数）应用到数据后处理过程中进行单木位置探测。在样地尺度上，探测百分比（DP）随着分位数的增加而逐渐较小。例如，样地1的DP从99.8%减小到82.8%。这是因为DP是非特定位置精度指标，只依赖于探测的单木个数。应用的百分数阈值越小，识别的漏测单木越多，探测百分比越大。举一个极端例子，当样地2中应用第50分位数时，可以探测到885棵单木，比参考单木个数（858）还要大，这时，103.1%的DP无法代表单木位置探测过程的真实精度。然而，DP仍然能够反映出补充数据的应用价值：无论应用哪种分位数，两种数据源（ALS和正射影像绿色波段）的DP总是比只应用ALS进行探测的DP（分别为80.2%和86.7%）要高。

表6.4 应用ALS数据和两种数据相结合进行单木位置探测的精度检验结果

样地	精度指标	ALS	ALS 与绿色波段相结合					
			分位数					
			50th	55th	60th	65th	70th	75th
1	DP	80.2%	99.8%	96.4%	93.2%	88.3%	85.5%	82.8%
	$N_{1:1}$	341	378	378	376	366	363	352
	N_d	377	469	453	438	415	402	389
	N_r	470	470	470	470	470	470	470
	UA	90.5%	80.6%	83.4%	85.8%	88.2%	90.3%	90.5%
	PA	72.6%	80.4%	80.4%	80.0%	77.9%	77.2%	74.9%
2	DP	86.7%	103.1%	97.6%	93.9%	90.2%	88.6%	88.1%
	$N_{1:1}$	703	723	720	718	715	715	713
	N_d	744	885	837	806	774	760	756
	N_r	858	858	858	858	858	858	858
	UA	94.5%	81.7%	86.0%	89.1%	92.4%	94.1%	94.3%
	PA	81.9%	84.3%	83.9%	83.7%	83.3%	83.3%	83.1%

在单木尺度上，应用两种数据集进行单木位置探测过程的 PA 和 UA 随着分位数阈值的降低呈相反方向变化：PA 略有增加（增加1%～5%），而 UA 呈明显下降趋势（下降10%～13%）。这是由于随着探测到的单木数量的增加，"1：1对应关系"的单木数量也随之增加，代表"1：1对应关系"单木个数与参考单木个数之比的 PA 就随之增加。相反地，由于 UA 表示的是"1：1对应关系"单木个数与探测到的单木个数之比，如果"1：1对应关系"单木数量没有探测到的单木总数增长量快，UA 就会呈下降趋势。这也反映了不是所有被探测到的单木都是真实的单木，随着高度分位数阈值的减小，误判误差会随之增加。因此，本研究选择第70分位数作为最终阈值，来平衡误判误差和漏测误差进行下面分析。这意味着如果一个从正射影像上探测到的种子点高度大于其树冠大小窗口内70%的像元值（高度），则这个种子点为应用 ALS 数据漏测的单木。将 ALS 和绿色波段相结合比单独使用 ALS 数据得到的 DP 和 PA 提高了 5%，而 UA 变化不大。图 6.12 显示了应用 ALS 和正射影像进行单木位置探测的一个实例。图 6.12

中突出显示了位于两棵大树中间的一棵小树，在使用SCMM时没有被探测到，但是由于这棵小树具有足够的光谱信息，应用正射影像后被成功探测。

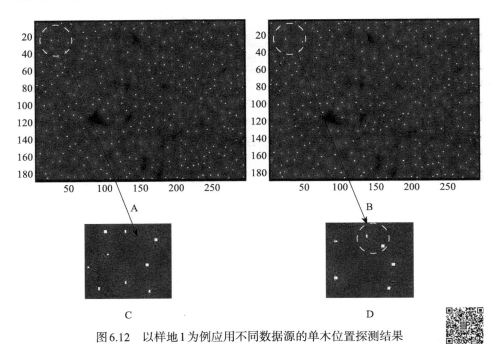

图6.12　以样地1为例应用不同数据源的单木位置探测结果

A．SCMM；B．应用第70分位数SCMM和正射影像绿色波段相结合；C．应用SCMM的漏测误差举例；D．加入绿色波段的探测结果

6.4.2　生长顺序对树冠边界勾绘的影响

由于使用第70分位数将ALS和正射影像相结合得到的树冠探测精度最高，因此，本研究基于此结果进行单木树冠边界的勾绘。表6.5总结了树冠边界勾绘的定量评价，并显示了应用三种不同生长顺序的区域生长法对树冠边界勾绘结果的影响。在样地水平上，应用 G_sim 生长顺序提取的树冠总面积要比 G_ind 和 G_seq 生长顺序提取的总面积小。例如，在样地1中，应用 G_sim 略微抑制了应用 G_seq 产生的高估现象（由3.8%降低到1.3%）。但是，对于样地2，G_sim 生长顺序略微增加了应用 G_seq 产生的低估现象（由 -9.0% 增加到 -11.1%）。在单木尺度上，G_sim 生长顺序在样地1中的提取结果最好，将PA从60.6%（$G\_$

seq）提高到62.6%，UA从70.9%（G_seq）提高到73.1%。但是，对于样地2，G_ind生长顺的提取结果最好，将PA从81.1%（G_seq）提高到82.5%，UA从91.6%（G_seq）提高到93.2%。由于样地2内的单木形态大多为典型圆锥形，比较容易被识别和勾绘，因此样地2的提取精度明显要高于样地1。

表6.5　基于从ALS和绿色波段探测的单木位置应用三种区域
生长方法进行树冠边界勾绘的精度检验

样地	检验指标/案例分析	G_seq	G_ind	G_sim
1	RE	3.8%	1.6%	1.3%
	PA	60.6%	61.5%	62.6%
	UA	70.9%	71.9%	73.1%
	1：1匹配	285	289	294
	匹配但未完全生长	14	11	13
	匹配但过度生长	78	80	75
	错位匹配	13	10	8
	1对多匹配	0	0	0
	多对1匹配	29	28	29
	多重相交	14	14	13
	误判误差	10	10	10
	漏测误差	37	38	38
	参考树冠个数		470	
2	RE	−9.0%	−10.2%	−11.1%
	PA	81.1%	82.5%	82.1%
	UA	91.6%	93.2%	92.6%
	1：1匹配	696	708	704
	匹配但未完全生长	13	9	11
	匹配但过度生长	20	15	17
	错位匹配	3	4	4
	1对多匹配	5	5	5
	多对1匹配	28	30	31
	多重相交	13	7	5
	误判误差	12	12	12
	漏测误差	80	80	81
	参考树冠个数		858	

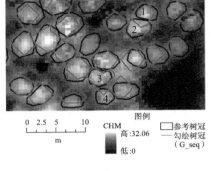

A

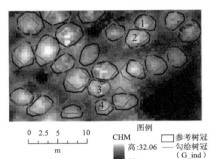

B

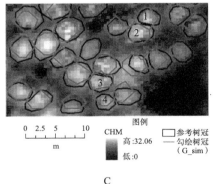

C

图6.13　应用不同生长顺序的区域生长进行树冠边界勾绘结果举例（背景为样地2的CHM图像）

A.G_seq；B.G_ind；C.G_sim

虽然三种生长方法在两块样地中的结果相似，但是从图6.11所示的9种案例分析中可以看出存在一些不同。对于样地1，G_sim生长顺序得到的1∶1匹配树冠个数最多（294个），G_seq得到的1∶1匹配树冠个数最少（285个）；对于样地2，G_ind生长顺序得到的1∶1匹配树冠个数最多（708个），G_sim比G_seq得到的1∶1匹配树冠个数更多（704 vs. 696）。G_seq比其他方法的结果略差的原因是由于按顺序生长每个种子点，前面过程中生长的单木会对后续生长的单木有抑制作用，造成一部分单木的不完全生长。G_sim和G_ind生长顺序中对所有种子点生长机会的增加使得样地1中"错位匹配"案例数量的减小（从13到10或8），样地2中"多重相交"案例数量的减小（从13到7或5）

图6.13显示了一个应用不同生长顺序的区域生长法进行树冠边界勾绘结果的实例。应用顺序生长方式，如图6.13A所示，树1的树冠将树2树冠的一部分勾绘了进来。在一些极端例子中，那些生长较早的树冠（如树3）如果覆盖了后续生长的种子点（如树4），则这个种子点将没有生长的机会，从而导致了错位匹配或多重相交现象。独立生长和同时生长方法能够有效避免此类问题，减少了样地1中的错位匹配情况，也减少了样地2中的多重相

交现象。对于标记控制区域生长法，两块样地中最主要的错误是"匹配但过度生长""多对1"和"漏测错误"。

6.5 讨论

本研究中应用的标记控制区域生长法是一种两步单木树冠提取方法，要求先进行树冠位置探测，再进行树冠边界勾绘，这与Chen等（2006）应用的标记控制分水岭算法类似。区域生长法和分水岭算法的最大区别在于分水岭算法不能很好地处理树冠之间的林隙，如果林隙较大，通常需要一个背景掩膜将其去除。在密闭森林，如果树冠间缝隙较小，分水岭算法可以不需要背景掩膜处理这些林隙，但很可能会高估树冠面积和周长，这与Li等（2008）的研究结果一致。区域生长法比其他方法（如谷底跟踪法和模板匹配法）更适合密闭森林。选择合适的标记（即树冠顶点）对于标记控制的ITCD方法来说非常重要，这将直接影响误判误差和漏测误差。在单木位置探测过程中应用平滑后的树冠最大模型（SCMM）可以有效抑制较大树干引起的误判误差。Chen等（2006）发现，应用95%预测下限确定的动态窗口局域最大值法可以成功减小树冠顶点探测过程中的漏测误差。本研究还应用正射影像作为辅助数据进行后处理，进一步消除漏测误差。然而，应用多种数据源的收益很大程度上取决于成功的数据配准。本研究进行了基于两个图像相关系数的面配准方法，这种方法比较适合没有明显地物进行匹配的森林环境。本研究中单木位置的探测精度还取决于选取的在树冠大小窗口中其他像元值的分位数，用来识别被ALS数据漏测的单木。虽然较低的高度分位数可以探测出更多的单木，但是选取一个较折中的高度阈值用以平衡误判误差和漏测误差至关重要。

区域生长法是一种基本的分割技术，它起始于特定种子点，生长各个区域直到满足停止条件为止。如同其他ITCD方法一样，本研究应用的标记控制区域生长算法假设树冠顶点为ALS数据中的局域最大值，并向树冠边界逐渐减小。该算法同样假设在二维图像上的单木为圆形，适合针叶林的研究。该算法应用了包括树冠内像元值同质性、树冠形状和大小在内的6个条件，相互配合以控制区域生长。算法首先是根据距离，其次是根据高度差来添加新像元，因此，算法中增加新像元的方法符合圆的生长轨迹。即根据种子点高度（即树高）勾绘了近似于圆形的树冠。在控制区域生长的6个条件中，R 和 R_{lw} 条件相互配合在生长过程中添加合适像元，并有效地控制了每个树冠形状。独立生长顺序中应用的圆形指标并没有应用到生长条件中控制区域生长，因为二阶棋盘最邻近型邻域的圆形指标太小（<0.5），无法有效地启动算法，但是，对于生长过程之后用来分配重叠像元是一个很好的形状指标。算法中所有条件的阈值选择是较有难度的。本研究用回归方程来预测树冠面积阈值（$thres_{area}$）和树冠顶点与树冠最边缘点的高度差（$thres_{diff}$），用来客观地选择阈值，保证算法的灵活性。由于本研究中的方法包含许多基于理论的探索条件，唯一能够验证该方法的就是用真实数据检验，尤其是在不同林分条件下进行检验。有一些学者做了类似的方法比较研究。例如，Kaartinen 等（2012）应用 ALS 数据比较了4种单木探测和提取技术，并发现基于曲度的单木探测是提取被压单木的一种较好的解决方法。下一步可以应用相同数据源、相同研究区域和相同精度验证指标来比较标记控制区域生长法和其他 ITCD 方法。

本研究证实了标记控制区域生长法中的生长顺序会影响单木树冠勾绘结果。种子点的顺序直接影响顺序生长法的精度。无论种子点如何排序，先生长的树冠都要抑制后生长的树冠，因此，顺序生长法的准确率最低。基于自动元胞机的同步生长方法比顺序生长法提取的单木树冠精度略高，这是由于同步生长法将时间维度引入生长过程，从生态学角度模拟一个循环周期内的树木生长来控制树冠的生长。然而，本研究中的同步生长并没有模拟树冠之间相互作用（即树冠竞争），当一个树冠与其他树冠相接触时即停止生长。因此，独立生长法与同步生长法的单木提取结果相当。但是，独立生长法应用了一个基于树冠形状（即圆形指标）的"伪竞争"过程来控制树冠，这种竞争过程并不能代表实际的树木竞争，只是重新分配了重叠像元。当样地树木竞争较激烈时这种方法并不适合，因为具有较大圆形指数的单木会得到较多的、甚至是所有的重叠像元，从而抑制周围单木的生长。因此，尽管同步生长和独立生长方法有相似的正确率，但是我们认为同步生长方法具有更广的适用性，并能提供更灵活的解决方案。下一步的研究方向是研发一种能够代表真实树木竞争的机制，并将这种机制包含到区域生长算法中，使其更合理地调整树冠边界。

由于实地测量单木树冠的复杂性，大多数 ITCD 研究在精度检验中应用的参考树冠都是基于遥感图像手动勾绘的。目前，比较单木树冠提取算法的困难之一就是由于单木树冠提取研究中并没有一个标准的精度检验过程。学者们探索并应用了不同的精度指标。例如，Leckie 等（2003b）将勾绘树冠定义为"isols"，将参考树冠定义为"refs"，用于 6 种不同情况的精度检验，这种方法被后续 ITCD 研究所采用（Heinzel & Koch，2012）。Jing 等（2012）在单木树冠精度检验中定义了 5 种类别。本研究中应用的"1：1 匹配树冠"与 Jing 等（2012）定义的"匹配"（match）含义相同，即重叠面积要同时大于 50% 的参考树冠和 50% 的勾绘树冠面积。为了进一步研究细节，本研究将这篇文献中的"近似匹配"分解为"匹配但未完全生长"和"匹配但过度生长"两种情况。这样可以根据重叠区域面积将错误情况进行分类，更好地表现由标记控制区域生长法产生的误差。这些检验指标将为后续研究中调整算法中阈值或检验阈值敏感度提供必要信息。

Ke 和 Qauckenbush（2011b）同样考虑了参考树冠和勾绘树冠两个角度，计算了不同的勾绘树冠与参考树冠比例（如 2：1、3：1 和≥4：1）的个数。Ke 和 Qauckenbush（2011b）研究中从参考树冠角度考虑的勾绘树冠与参考树冠的几种比例（2：1、3：1 和≥4：1），在本研究中均为"多对 1 匹配"，而从勾绘树冠角度考虑的 1：2、1：3 和 1：（≥4）几种情况，在本研究中均为"1 对多匹配"。因此，本研究中应用的精度检验过程是可以同时包含勾绘树冠和参考树冠两个角度的一种高效、便捷的检验方法。由于一个勾绘树冠很可能出现多种错误情况。例如，"错位匹配"和"多重相交"，精度检验过程中统计的是不同错误情况的计数，而无法转换成百分比。与"1：1 匹配"个数相关的生产者精度和用户者精度可以作为正确率的百分比指标。由于"1：1 匹配"单木是 ITCD 研究中的最终目标，因此我们不仅需要知道生产者能够识别出多少"1：1 匹配"

单木（生产者精度，PA），而且要知道这些识别出的"1∶1匹配"单木是否是真实情况中的"1∶1匹配"（用户者精度，UA）。

6.6　结论

本研究研发了一个考虑树冠内高度同质性、树冠大小和形状的两步标记控制区域生长算法进行单木树冠提取，并探索了结合 ALS 数据和正射影像在树冠顶点探测中的优势和不同生长顺序（即顺序生长、独立生长和同时生长）对树冠边界勾绘的影响。结果显示，在树冠顶点探测过程中，来自正射影像的补充数据可以减少小树引起的漏测误差；然而，对高度阈值的折中选择对于平衡误判误差和漏测误差十分必要。

本研究发现，区域生长法中的生长顺序能够影响树冠勾绘结果。基于自动元胞机的同步生长法得到的树冠勾绘结果精度最高，要明显高于顺序生长法。这是由于顺序生长法中先生长的树冠能够抑制后续生长的树冠。独立生长法应用基于圆形指标的"伪竞争"过程重新分配重叠像元，能够得到与同步生长法精度相当的结果。

与其他单木树冠提取算法相同，标记控制区域生长法存在自身的优缺点。第一个优势是这种方法应用树冠面积控制检查每一个加入到区域的像元，能够有效避免树冠的过度增长。每次加入所有可能增长的邻域像元后，都用形状条件控制区域形状，以符合圆形树冠的假设。这种方法的第二个优势就是处理的高效性和灵活性。应用 Matlab R 2011b 在具有 2.3GHz Intel Core i7–3610 QM CPU 的计算机上，完成面积为 $1.4hm^2$ 的样地 1 内单木树冠提取大约需要 5min，而完成面积为 $2.4hm^2$ 的样地 2 内单木树冠提取大约需要 7min。该方法可以方便、灵活地应用其他回归方程或方法确定新阈值。这种方法的另外一个优势是不需要提取背景或非林地区域，因此比较适合林隙较多的区域。

标记控制区域生长法最大的局限性在于树冠顶点的选择，树冠顶点的探测直接影响最后树冠提取结果。应用正射影像图作为补充数据提供了一个合理的方法识别从 ALS 数据中漏测的小树。同时，算法要求生长过程中应用可靠的阈值。例如，需要获取实测树高与冠幅，建立两个因子关系的回归方程等。本研究的阈值适用于挪威云杉。在今后的研究中，需要根据不同树种的不同特征勾绘树冠，进而改进算法并将其应用于混交林中。

本研究中的区域生长法通过当生长的树冠触碰到其他树冠时即停止的方法模拟树冠生长。下一步的 ITCD 研究应当考虑符合自然过程的树冠竞争，用来更好地调整重叠的树冠边界。将图像处理技术与生态过程相结合是未来单木树冠提取以及森林资源调查研究的一个发展趋势。

第 7 章

ITCD 实例：基于 Agent区域生长法的 单木树冠提取

本章为第6章实例的后续研究。第6章主要探讨了应用激光雷达数据配合正射影像图进行单木位置探测及应用标记控制区域生长法进行树冠边界勾绘的过程，并探讨了生长顺序对区域生长法单木提取精度的影响。本章的研究重点在于树冠边界的勾绘过程，也是典型的以实验为基础的科技论文，分为研究背景与目标、研究区域概况与数据来源、研究方法、研究结果、结论与讨论几大部分。本章所涉及的原文发表在2015年的"International Journal of Remote Sensing"杂志上：

Zhen Z, Quackenbush LJ, Stehman SV, et al. 2015. Agent–based region growing for individual tree crown delineation from airborne laser scanning（ALS）data. International Journal of Remote Sensing, 36（7）: 1965–1993.

这是一篇对区域生长法勾绘树冠边界进行深入探讨的文章，主要研究了基于Agent的区域生长法，将林业中的竞争机制引入算法，并将其与标记控制区域生长法进行比较，从而探讨竞争机制对树冠提取精度的影响。建议读者按顺序阅读第6和第7章，以了解树冠顶点探测和树冠边界勾绘的基本过程，循序渐进地理解和消化实例内容。

7.1　研究背景与目标

森林资源调查在20世纪得到了迅猛发展，调查重点从蓄积量和收获量的估算扩展到野生动物、娱乐项目、集水区管理和多用途林业等其他方面（Hyyppä et al., 2008）。随着遥感技术的发展，森林调查方法也从传统的野外调查和航片判读发展到从高空间分辨率遥感影像中自动获取森林参数。目前，激光雷达（LiDAR）中的机载激光扫描仪（ALS）数据在森林调查中占有举足轻重的地位。在林业中，由于ALS数据能够准确地估测森林冠层的结构属性（Zhong et al., 2013），因此被广泛地应用到森林资源调查中（Alberti et al., 2013; Brandtberg et al., 2003; Forzieri et al., 2009; Laurin et al., 2014; Yu et al., 2004）。应用ALS数据的森林资源调查大致可以分为基于面积的方法和基于单木的方法两种（Hyyppä et al., 2008）。基于面积的方法通常应用栅格作为采样单元，将林分内栅格尺度的预测值进行加权求和得到林分尺度的调查结果。对于基于单木尺度的方法，林分尺度的森林调查结果即为单木参数之和。在过去，这些单木参数是通过费时耗力的野外调查或对图像的目视解译得到的，现在逐渐应用自动图像解译算法获得，单木树冠的自动提取在基于单木的森林调查方法中占据重要地位。单木树冠提取（ITCD）的质量将直接影响森林参数估计的准确率。例如，会对冠幅、胸径（DBH）、郁闭度、树高、生物量和树木生长量的准确性造成影响（Zhang et al., 2010；Bai et al., 2005；Popescu，2007；Yu et al., 2004）。

目前，单木树冠提取的研究从对航空像片目视解译开始，已经逐步发展到应用被动影像和主动激光雷达数据进行自动和半自动提取阶段（Hyyppä et al., 2012）。例如，Perrin 等（2005）应用标记点过程模型对高空间分辨率彩色近红外影像进行树冠提取。Forzieri 等（2009）应用激光雷达数据研发了具有时效性较强、成本较低的单木树冠提取过程。大多数自动或者半自动单木树冠提取算法遵循的基本假设为树冠顶点位于辐射亮度（多光谱影像）或者高度（激光雷达数据）的局域最大值处，这些值向树冠边缘方向逐渐减小（Ke et al., 2010；Leckie et al., 2003b；Wang et al., 2004）。单木树冠提取算法可以包含树冠顶点提取和树冠边界勾绘两个过程。经典的树冠顶点探测算法包括局域最大值滤波、图像二值化或阈值法、模板匹配法；而经典的树冠边界勾绘算法包括谷底跟踪法、区域生长法和分水岭分割（Ke & Quackenbush, 2011a）。从这些基本算法中，研究人员研发了多种多样的适用于特定数据或地点的改进算法。例如，Hung 等（2012）应用地物–阴影关系和阴影与树冠颜色特征的先验知识研发了一个新的模板匹配树冠提取算法。Chen 等（2006）应用小光斑激光雷达数据进行标记控制分水岭分割，用来提取单木树冠。Kaartinen 等（2012）应用同一个 ALS 数据比较了 4 个单木树冠提取算法，并发现基于最小曲率方法是提取优势树种的最佳方法，而 Hyyppä 等（2001）提出的局域最大值法更简单易行，并能够得到较好的精度。

近年来，研究者开始利用面向地理对象的图像分析（geographic object-based

image analysis, GEOBIA）方法的优势，应用不同尺度进行单木树冠或小树冠群提取（Ardila et al., 2011; Jing et al., 2012; Wang，2010）。GEOBIA方法基于对象而不是像元进行分析，以减小同类内部光谱差异，并可以应用更广泛的特征（如纹理、形状和关联信息特征）。然而，GEOBIA方法仅仅将处理单元从像元改变为对象，实际上仍然是基于传统算法（如区域生长法）进行树冠提取（Ardila et al., 2012）。研究人员同样试图利用LiDAR数据重建树冠或者冠层表面，用以提取离散或连续的植被垂直剖面（Kato et al., 2009; Van Leeuwen et al., 2010）。重建树冠或冠层表面的技术通常需要全波形或比较昂贵的具有高密度点云的地基激光雷达数据来获取微尺度的单木参数信息（Kato et al., 2009）。

虽然学者不断研发ITCD新算法，但是经典的单木树冠提取算法仍然是最基本的，并在单木树冠提取研究中占据着主导地位。其中，区域生长法是一种经典的基于区域的分割技术，被广泛地应用到了单木树冠提取研究中，用来勾绘树冠边界。但是，需要注意的是，图像分割和单木树冠提取研究中应用的区域生长法有所不同。对于图像分割，区域生长法的初始种子点为图像的最小单元（如像元），在生长过程中不断被新区域中心点取代（Fan et al., 2001）。在区域生长完成后，通常需要进行区域融合以防止过度分割现象（Shih & Cheng，2005; Wang et al., 2010）。这些过程是为将图像分割成互补相交的同质区域而设计的，即分割后的图像既没有重叠区域也没有缝隙。大多数应用于单木树冠提取中的区域生长法将树冠顶点作为初始种子点（Erikson，2003; Hirschmugl et al., 2007; Solberg et al., 2006），这些算法大多不允许树冠重叠。由于自然界中树冠之间往往存在林隙，因此，这些算法不需要将整幅图像分割为互补相交的区域。

第6章介绍的标记控制区域生长法是单木树冠提取中一种常规的区域生长算法。此方法应用树冠顶点作为初始种子点，算法根据自然界中树冠特征来生长树冠。例如，树冠内部高度差要小于树冠顶点与树冠最边缘点的高度差。这就意味着作为树冠顶点的种子点在算法中是固定不变的，在向区域中添加新像元时不允许种子点根据新区域中心点的变化而改变，这与图像分割中应用的区域生长法有本质不同。同时，应用于单木树冠提取中的区域生长法允许林隙的存在，这也避免了对树冠面积的过度估算。然而，虽然用于单木树冠提取的区域生长法的目的是将图像分割成尽量代表自然界中树冠的区域，但还没有文献将树木竞争过程加入到区域生长法中进行单木树冠提取。本研究中的标记控制区域生长法（marker-controlled region growing, MCRG）指的是基于自动元胞机思想，考虑树冠内高度同质性、树冠大小和形状，并同步生长所有种子点的区域生长法（细节见第6章）。但是，MCRG 中并没有包含树木竞争过程。本研究的目的就是要研发一个包含树冠竞争过程的单木树冠提取算法，并评估该算法的优缺点。

生态学上，竞争排斥是指当系统内只有单一的、有限的资源时，竞争的群落无法在空间同质的环境中稳定共生的现象（Kohyama & Takada，2009）。对光的竞争在树木和树冠生长过程中扮演着核心角色（Schulze & Chapin, 1987）。在浓密的、大小结构不均的群落中，较高树木能够比矮树获取更多的阳光，这会使得树冠生长不平衡，在竞争中导致胸径（DBH）、树冠结构和每单位树叶面积固碳量的不同（Perry, 1985; Schwinning & Weiner, 1998）。竞争现象同样会影响碳水分布和树木形态。例如，由于光合作用的程度不同，竞争会影响树木内部的化学成分（Perry, 1985）。许多研究人员试图定量地模拟树木竞争过程。Kohyama 和 Takada（2009）介绍了一种能够代表在垂直分层但水平同质的两层树冠中两种竞争物种的模型。单边或不对称大小竞争是指处于较低层植被对较高层植被不存在竞争效应；而双边或对称大小竞争是指较高层植被对低层植被有竞争效应，相反，较低层植被根据竞争资源也对较高层植被有竞争效应。本研究中，单木树冠提取算法的竞争机制就是借鉴了林业上的单边竞争和双边竞争思想。由于大多数竞争干扰出现在相邻树木之间（Rouvinen & Kuuluvainen，1997），因此相邻树木的距离和大小在竞争中均需要考虑。间距指数或相对间距（relative spacing, RS）是一个林分密度的度量，它是树木间平均距离与林分优势木平均高的比值（Clutter et al., 1992）。由于 ALS 数据可以方便地提供高度信息，因此 RS 是一个较适合于本研究的林分密度指标。

基于 Agent 建模（agent-based modeling, ABM），也称为基于个体建模，是一种广泛应用于生态学、社会科学、经济学、人口统计学、地理学和政治科学中的、功能性较强的模拟建模技术（Grimm et al., 2006）。ABM 由一系列可以独立评估环境并根据一系列规则做出决定的个体组成（Bonabeau, 2002）。由于通常可以得到用于模型参数拟合的个体信息，ABM技术适合在多尺度的生态研究中模拟生物的表现和命运（Busing & Mailly，2004）。虽然ABM技术没有应用到单木树冠提取研究，但是它们已经应用到了对森林动态的模拟中（DeAngelis & Gross, 1992）。每个单木都是ABM技术中的一个个体或一个Agent，并且拥有不同的状态，如树木的更新、生长、竞争和死亡。研究人员研发并应用了不同的基于ABM模型来模拟森林演替。例如，基于距离的生长与收获模型和林隙模型等（Liu & Ashton，1995）。与森林动态中应用的ABM技术相似，如果将单木定义为个体或Agent, ABM技术就可以应用到区域生长法中进行单木树冠提取。从图像处理和生态学角度，单木可以生长和交互，在它们的树冠相交时可以调整树冠边界。ABM技术能够应用于ITCD研究是因为这个应用满足ABM技术的使用条件：①个体行为（如单木生长）是非线性的，可以用阈值和特定规则描述；②个体交互作用（如树木间竞争）是异质性的，并且可以产生网络效应（Bonabeau, 2002）。因此，应用ABM技术将生长和竞争过程包含到区域生长法中进行单木树冠提取是合理可行的。

本研究基于小光斑机载激光雷达（ALS）数据研发了一种新的区域生长法进行单木树冠提取。研究目的包括：①研发包含生长过程和竞争机制（单边竞争和双边竞争）的基于Agent区域生长算法；②将标记控制区域生长法和基于Agent区域生长法分别应用到针叶林和阔叶林样地中进行单木树冠提取；③分析不同样地的相对间距对不同区域生长法的影响。为了消除树冠顶点探测对单木树冠提取的影响，本研究中为所有区域生长法应用了一组相同的参考树冠顶点，以消除从树冠顶点探测过程中传递的误差。

7.2 研究区域概况与数据来源

7.2.1 研究区域概况

本研究选取了Heiberg林场的一块1500m × 1000m地块，如图7.1所示，有关林场细节参见 6.2.1。为了研究基于 Agent 区域生长法中的竞争效应，在此地块中选取了具有较高竞争树木的 10 块样地，其中，5 块针叶林样地，5 块阔叶林样地。研究中的针叶林为人工管理，具有相似的树高和树间距。样地大小约为 30m×40m，每块样地含有 30~68 棵树。为了拥有足够的数据来研究树木竞争效应，本研究中的样地大小要比森林调查中应用的样地大小大得多。

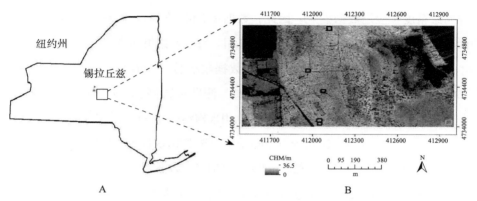

图 7.1　研究区域（A）位于纽约州塔利市 Heiberg 林场的 1500m×1000m 地块；（B）树冠高度模型（获取自 2010 年 ALS 数据），其中显示了 5 块针叶林样地（黑色矩形）和 5 块阔叶林样地（白色矩形）（注：UTM 坐标系统，18 带；横轴墨卡托投影）

7.2.2　遥感数据

本研究应用的主动遥感数据是 2010 年 8 月 10 日由 Kucera 国际公司负责飞行的、机载 ALS60 传感器获取的多次回波 ALS 数据（Gleason & Im, 2012）。Kucera 公司用 TerraSolid 软件包对原始激光数据进行处理，生成树冠点云数据和地表模型。ALS 数据与第 6 章所用的激光雷达数据一致，数据特征见第 6 章中表 6.1。

本研究使用的正射影像是从纽约州 GIS 数据交换网站（http://gis.ny.gov/gateway/mg/2006/cortland/）获取的。正射影像具有 4 个波段（蓝、绿、红和近红外），像元大小为 0.6m，采集于 2006 年 4 月树叶发芽之前。由于光学影像为落叶时节采集，因此比较容易区分针叶林和阔叶林，但是不适合对阔叶树冠进行手动勾绘。

7.2.3　参考数据

本研究中应用的参考数据来源于两部分：实地测量和基于影像手动勾绘的树冠，共获取了4个参考数据集。实地测量数据（数据集1）用来建立针叶树树高和胸径之间的回归方程。手动勾绘的树冠数据用来检验针叶林和阔叶林中树冠顶点正确率（应用数据集2）、确定算法中阈值（应用数据集3）和检验树冠边界勾绘精度（应用数据集4）。因此，数据集1和2在树冠顶点探测过程中应用，而数据集3和4在树冠边界勾绘过程中应用。每个数据集详情如下。

（1）数据集1。野外测量数据（数据集名称为 $ref-field$ ）为2010年在1500m × 1000m地块内测量的770棵针叶树。测量的单木特征包括DBH、树高，以及南北和东西方向的平均冠幅。这些数据用来构建针叶树树高与冠幅的回归方程。

（2）数据集2。从1500m × 1000m地块内选取10块样地（5块为针叶林样地，5块为阔叶林样地），根据树冠高度模型（CHM）数据手动选取10块样地中每一个树冠顶点（数据集名称为 $ref-treetop$ ）。对于针叶林样地，参考树冠顶点通过对参考树冠数据集（ $ref-crown$ ）中每个树冠的最大值进行目视解译获得。由于目视解译落叶树树冠的局域最大值存在困难，因此本研究用ArcGIS 10选取了参考树冠的中心点。之后，手动调整这些中心点以避免高度值较小的位置。这组数据用来作为树冠勾绘算法的起始种子点，以避免树冠顶点探测过程中的误差传递。

（3）数据集3。在1500m × 1000m地块内选取了一组参考单木，提取每个单木树冠中ALS点云，用来确定阈值（即树冠最边缘点高度）。这组数据集中包含了从CHM数据中采样并进行手动勾绘的205棵针叶树（ $ref-Coni-ALS$ ）和248棵阔叶树（ $ref-Deci-ALS$ ）。这些单木是从间隔为50m、半径为20m的圆形样地中选取的。由于要求每个参考单木尽可能地与其他单木远离，即选取自由树，因此，一些样地中没有清晰的能够用于建模的单木。

（4）数据集4。本研究从CHM数据中目视解译了5个针叶林样地和5个阔叶林样地的树冠作为参考树冠（ $ref-crown$ ），用于单木树冠提取的精度验证。参考树冠包含了10个样地中所有树冠，并且假设是所勾绘树冠的最佳表达。正射影像图用来辅助对针叶林中参考树冠的目视解译。

7.3 研究方法

7.3.1 研究方法总述

本研究中的 ITCD 方法包含 4 个主要部分：数据预处理、树冠顶点的采集、树冠边界勾绘和精度验证，技术路线如图 7.2 所示。本研究比较了标记控制区域生长法（MCRG）、单边竞争的基于 Agent 区域生长法（ABRG1W）和双边竞争的基于 Agent 区域生长法（ABRG2W），并且分析评价了竞争效应及其意义。

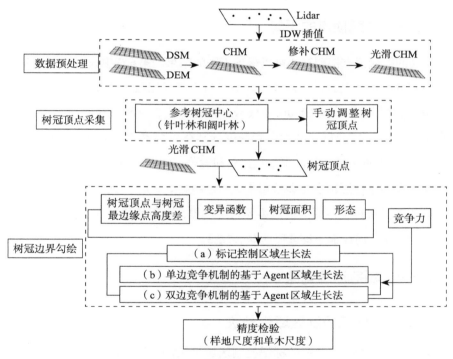

图 7.2 本研究的技术路线图

7.3.2 数据预处理

本研究数据预处理的目的是从 ALS 点云数据中提取代表高度值的栅格数据。应用 ALS 数据的单木树冠提取通常使用 CHM 或者数字表面模型（DSM），并且假设树冠顶点位于局域最大高度值处。本研究的数据预处理包括以下步骤：①根据ALS数据第一次回波和地表回波用反距离加权（IDW）方法插值分别生成DSM和数字地表模型（DTM）。其中，IDW插值的指数参数为2，查询半径点的个数为12。②用DSM减去DTM生成CHM。③应用Ben–Arie等（2009）提出的半自动坑填充算法对CHM上的数据坑进行修补。④应用5×5窗口进行高斯滤波，平滑CHM避免树冠内部"伪"树冠顶点的生成。ALS数据的点密度（平均点密度为12.7pts/m^2）可以生成像元大小为0.5m的DTM、DSM和CHM，适用于单木树冠提取研究（Ke & Quackenbush，2011a）。

7.3.3 树冠顶点的采集

不同的树冠顶点探测算法可以得到不同的结果。第6章中我们选择了树高–冠幅回归方程95%的预测下限作为动态窗口进行局域最大值探测树冠顶点。对于Heiberg林场1000m×1000m挪威云杉样地来说，这种方法的树冠顶点探测率在80%以上，用户精度和生产者精度分别在90%和70%以上（Zhen et al.，2014）。为了探索区域生长法中生长过程和竞争过程的影响，所有区域生长法均使用同一套参考树冠顶点（即数据集2：*ref-treetops*）。因此，本研究中单木树冠提取的错误来自于不同的树冠边界勾绘过程，而不是树冠顶点提取过程。数据集*ref-treetops*的详细采集过程见本章7.2.3。

7.3.4 树冠边界勾绘

7.3.4.1 标记控制区域生长法

本研究应用第6章介绍的标记控制区域生长法，该方法考虑了树冠内部高度同质性、树冠形状和大小等6个条件的树冠勾绘算法。这些条件分别检查：①一个像元是否落在种子点或者新起始像元（NSP）的邻域；②区域内最大高度差不超过树冠顶点和树冠最边缘点的高度差；③每个区域内高度的标准差不应大于某阈值（*thres$_{std}$*）；④区域面积小于或等于树冠面积阈值（*thres$_{area}$*）；⑤每个区域的矩形性（*R*）为0.5～1；⑥最小矩形的长宽比（*R$_{lw}$*）小于2。这些条件相互配合，一起控制单木树冠的生长过程。关于此方法的细节见第 6 章。本研究中这些条件阈值的确定是基于 *ref–Coni–ALS* 和 *ref–Deci–ALS* 数据集进行的。

7.3.4.2　单边竞争机制的基于 Agent 区域生长法

本研究中研发的算法将基于 Agent 建模（ABM）的思想与区域生长法相结合，并且与 MCRG 方法有相同的生长过程，包括生长逻辑和阈值。由于每棵树都具备 ABM 中活动性、自主性和相异性的特点，因此每棵树均可以代表一个代理（Agent）或个体（Getchell，2008）。本研究中的 Agent 数据模型有 4 种状态：初始状态、生长状态、竞争状态和停止状态，实现程序中包含 4 个数据列表：用于下一次生长循环的新起始像元（NSP）、当前区域列表、普通邻域像元（normal neighbor, NN）列表和竞争像元（competitive pixel, CP）列表（图 7.3）。当所有 Agent 均初始化完毕后整个系统正式启动，直到所有 Agent 均进入停止状态后结束。

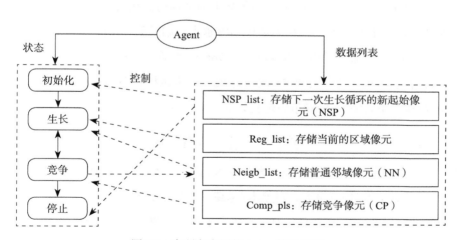

图 7.3　本研究应用的 Agent 数据模型

基于 Agent 区域生长法的核心思想是将树木间竞争过程与生长过程相结合，模拟自然界中尤其是密闭森林中的树木生长。标记控制区域生长法同时生长每棵树，根据 6 个生长条件或者当一个树冠与周围其他树冠接触时结束生长过程。然而，在基于 Agent 区域生长法中，当一个树冠与周围其他树冠相接触时，启动竞争过程，即在系统中每个个体均有独立的生长过程和与其他个体竞争的活动。每个个体通过向新的起始像元列表（NSP_list）中添加树冠顶点像元进行初始化，并遵从MCRG算法中相似的生长逻辑从新起始像元（NSP）开始生长。如果停止条件不满足，但是要加入的新像元或NSP已经归属于其他树冠，则算法将这样的新像元或者NSP重新定义为此个体及其竞争者的"竞争像元"，并将这个像元保存到竞争像元列表（competitive pixel list, CP_list）中为后续竞争过程使用；如果要加入的新像元或NSP没有归属到其他单木，则算法将这个像元定义为普通邻域像元（NN）进入下一个生长循环。当所有个体完成一次自己的生长循环时，系统也完成一次生长循环。基于Agent的区域生长法应用的生长过程如图7.4所示。

为了建立竞争规则，本研究根据相关间距（RS）引入了一个竞争力（competitive power, C）因子，RS的定义如式（7–1）（Zhao et al., 2010）所示：

$$RS = D/H \qquad (7\text{–}1)$$

式中，D为树木之间平均距离；H为优势木的平均高。在给定平均高的情况下，树木越密集，即树木间平均距离越小，RS越小；如果随平均高的增加树木密度不变，则RS也会随之减小（Beekhuis，1966）。本研究中基于Agent算法应用的竞争力借鉴RS的思想，并将RS调整为$RS_{i,j}$，表示树i与树j之间的相对间距。对象木i相对于竞争木j的竞争力定义如下：

$$C_{i,j} = \frac{1}{RS_{i,j}} = \frac{1}{(D_{i,j}/H_i)} = \frac{H_i}{D_{i,j}} \qquad (7\text{–}2)$$

式中，H_i为对象木i的高度；$D_{i,j}$为对象木i和竞争木j之间的距离；$C_{i,j}$表示对象木i对其竞争木j的竞争力，对象木i越高，对其竞争木的竞争力就越大。如同Shi和Zhang（2003）应用的一样，C相当于包含对象木及其竞争木的距离相关的竞争指标。如果对象木i有多个竞争者，则与其最近的竞争木的竞争力最大。

本研究中基于Agent区域生长法的竞争过程是基于竞争力建立的。在单边竞争中，相同的空间上较大树冠将从与较小树冠之间的竞争中胜出，从而抑制较小树冠的生长，但是较小树冠对较大树冠没有反作用。表现在程序上，较大树冠不仅生长自身的NN像元，而且还成功地从较小树冠中夺走竞争像元，而较小

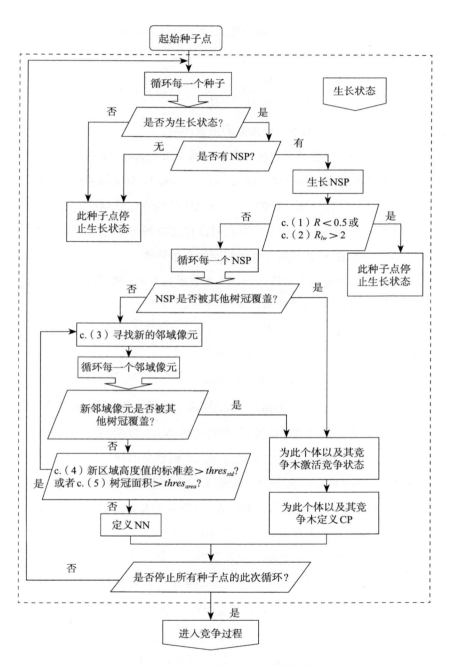

图 7.4 　基于 Agent 区域生长过程流程图

c.（i）表示第 i 个标准；NSP. 新的起始像元；NN. 普通邻域像元；CP. 竞争像元；R. 每个区域的角形
比；R_{lw}. 长宽比；$thres_{std}$. 每个区域的高度标准差阈值；$thres_{area}$. 区域面积阈值

树冠只能生长一部分NN像元，这个生长比例为两个竞争力之比，如式（7-3）所示：

$$p = \frac{C_{i,j}}{C_{j,i}} = \frac{H_i/D_{i,j}}{H_j/D_{i,j}} = \frac{H_i}{H_j} \qquad 假设 H_i < H_j \qquad （7-3）$$

式中，p 表示在大树的影响下较小树冠的生长比例。

在生态系统中，竞争通常出现在竞争邻域（competitive neighbourhood）内，即一系列在局部互相影响的个体（Deluis et al., 1998）。竞争邻域趋向于随着个体尺寸的增大而增加（Burton，1993）。本研究中的竞争邻域包括中心木和其相邻木，类似于生态学中使用的定义。算法可以自动找到与中心木共享竞争像元的相邻木，并在每次循环中将其分组到相同的竞争邻域中。由于竞争力是基于一对树计算的，可以用竞争力矩阵（$n \times n$）来表示具有 n 个树冠的竞争邻域的竞争力，竞争力矩阵如式（7-4）所示：

$$\boldsymbol{C} = \begin{bmatrix} \infty & C_{1,2} & \dots & C_{1,n} \\ C_{2,1} & \infty & \dots & C_{2,n} \\ \dots & \dots & \infty & \dots \\ C_{n,1} & \dots & C_{n,(n-1)} & \infty \end{bmatrix} = \begin{bmatrix} \infty & H_1/D_{1,2} & \dots & H_1/D_{1,n} \\ H_2/D_{2,1} & \infty & \dots & H_2/D_{2,n} \\ \dots & \dots & \infty & \dots \\ H_n/D_{n,1} & \dots & H_n/D_{n,(n-1)} & \infty \end{bmatrix} （7-4）$$

式中，$D_{i,j} = D_{j,i}$，代表了树 i 和树 j 之间的距离，如果目标树 i 是固定的（即 $\boldsymbol{C}$ 矩阵的第 i 行），最大竞争力出现在树 i 和最近的树之间；如果研究的目标是一对树（如树 i 和树 j，假设 $H_i < H_j$），由于 $D_{i,j} = D_{j,i}$，则较高的树（j）比较矮的树（i）更有竞争力（$C_{j,i} > C_{i,j}$）。竞争力矩阵同时考虑一组树的树高和距离，并且代表了每棵树对每个竞争木的竞争力。基于Agent算法的竞争过程是从具有最大竞争力的目标树开始，在本次竞争之后继续与剩余树中具有最大竞争力的目标树竞争，直到竞争邻域内所有的树都完成竞争为止。通过这种方法可以避免因竞争顺序不同而产生不同的竞争结果。在竞争循环中无论哪棵树是第一棵树，该算法将找到相同的竞争邻域，并对当前的竞争产生相同的竞争结果。

图7.5A是一个简单竞争邻域的示例。树1（T_1）、树2（T_2）、树3（T_3）按高度排序为 $H_1 < H_2 < H_3$，假设 $C_{3,2}$ 是这个邻域 3×3 竞争矩阵中的最大竞争力。因此，算法从 T_3 开始，由于 $C_{3,2}$ 为最大竞争力（$C_{3,2} > C_{3,1}$），T_3 首先和 T_2 进行竞争，再与 T_1 竞争。由于 $H_2 < H_3$，T_2 对 T_3 的竞争力小与 T_3 对 T_2 的竞争力（即

$C_{2,3} < C_{3,2}$）。因此，在单边竞争中，T_3 不受 T_2 的影响，不仅生长所有的普通邻域像元（NN）$_3$，同时还生长其竞争像元（CP）$_{2,3}$ 和（CP）$_{1,2,3}$。T_2 只生长（NN）$_2$ 的一部分，即（H_2/H_3）×（NN）$_2$。随后 T_3 与 T_1 竞争，因为 $H_1 < H_3$（即 $C_{1,3} < C_{3,1}$），T_3 生长（CP）$_{1,3}$，而 T_1 只生长（H_1/H_3）×（NN）$_1$ 个像元（图 7.5B）。

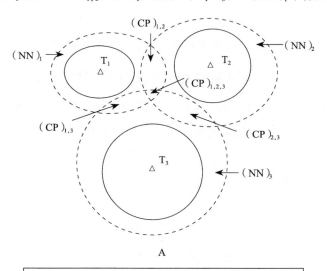

A

单边竞争机制：

由于 $C_{3,2} > C_{3,1}$，

步骤 (1) 树 3（T_3）与树 2（T_2）竞争：

由于 $C_{2,3} < C_{3,2}$：对于 T_3，生长 NN_3、$CP_{2,3}$ 和 $CP_{1,2,3}$ 像元；

对于 T_2，生长 (H_2/H_3)×NN_2 个像元；

步骤 (2) 树 3（T_3）与树 1（T_1）竞争：

由于 $C_{1,3} < C_{3,1}$：对于 T_3，生长 $CP_{1,3}$ 像元；

对于 T_1，生长 (H_1/H_3)×NN_1 个像元；

由于 $C_{2,1} > C_{1,2}$，对于 T_2，生长 $CP_{1,2}$ 像元；

对于 T_1，生长 (H_1/H_2) × (H_1/H_3)×NN_1 个像元.

最终竞争结果：

对于 T_1：生长 (H_1/H_2) × (H_1/H_3)×NN_1 个像元

对于 T_2：生长 (H_2/H_3)×NN_2 + $CP_{1,2}$ 个像元

对于 T_3：生长 NN_3 + $CP_{2,3}$ + $CP_{1,2,3}$ + $CP_{1,3}$ 个像元

B

图 7.5 竞争邻域示例（A）和针对此竞争邻域的单边竞争机制（B）

假设 $H_1 < H_2 < H_3$，$C_{3,2}$ 是最大竞争力；（NN）$_i$ 为树 i 的普通邻域像元数量；（CP）$_{i,j,k}$ 为树 i、树 j、树 k 的竞争像元数量；实线表示当前树冠边界；虚线表示独立增长后的新树冠边界

在 T_3 完成与所有对手的竞争后，算法开始寻找除 T_3 之外具有最大竞争力的单木（即 T_2），发现 $C_{1,2} < C_{2,1}$（因为 $H_1 < H_2$）。因此，T_2 生长 $(CP)_{1,2}$ 个像元，T_1 生长 $(H_1/H_2) \times [(H_1/H_3) \times (NN)_1]$ 个像元。在本次竞争之后，T_1 生长了 $(H_1/H_2) \times [(H_1/H_3) \times (NN)_1]$ 个像元，T_2 生长了 $[(H_2/H_3) \times (NN)_2 + (CP)_{1,2}]$ 个像元，T_3 生长了 $[(NN)_3 + (CP)_{1,3} + (CP)_{2,3} + (CP)_{1,2,3}]$ 个像元。生长的像元先根据最近距离，再通过像元和树冠顶点间的最小高度差来选取。

7.3.4.3 双边竞争机制的基于Agent区域生长法

双边竞争机制也可以应用在区域生长法中来描述树木间竞争的相互作用。这种竞争机制意味着无论邻域内树冠大小如何，每棵树均受到其邻域内树冠的影响。在一次生长过程中，双边竞争机制定义的树 i 在其竞争木树 j 影响之下的增长比例如式（7-5）所示：

$$p_{i,j} = \frac{C_{i,j}}{C_{i,j} + C_{j,i}} = \frac{H_i/D_{i,j}}{H_i/D_{i,j} + H_j/D_{i,j}} = \frac{H_i}{H_i + H_j} \quad (7-5)$$

式中，H_i 为对象木 i 的高度；$D_{i,j}$ 为树 i 和树 j 之间的距离；$C_{i,j}$ 为树 i 对其竞争木 j 的竞争力，式中分母为一对竞争树的树冠竞争力之和，分子为树 i 的竞争力。由于两棵树之间距离是固定的，因此对于一次生长过程中目标树的双边竞争比例是其树高与树高总和之比。$p_{i,j}$ 表示在树 j 的影响下树 i 的生长比例，虽然大树影响小树，同时也可以受到小树影响，但大树在总的生长像元中比小树占有更大的生长比例。

再次以图7.5A为例，通过以下几点对双边竞争机制加以说明。

步骤（1）：如上节（7.3.4.2）中，$C_{3,2}$ 具有最大竞争力，因此 T_3 将首先与 T_2 竞争。在双边竞争机制中，T_3 和 T_2 的生长比例分别是 $p_{3,2}$ 和 $p_{2,3}$ [式（7-6）和式（7-7）]，T_3 和 T_2 应该生长的总像元数量为 $(Tp)_{2,3}$（式7-8），T_3 和 T_2 分别生长的像元数量为 $(Tg)_3$ 和 $(Tg)_2$ [式（7-9）和式（7-10）]。因此，T_3 将依次生长 $(NN)_3$、$(CP)_{2,3}$、$(CP)_{1,2,3}$ 个新像元，直到其数量达到 $(Tg)_3$ 为止；同样，T_2 将依次生长 $(NN)_2$、$(CP)_{2,3}$ 和 $(CP)_{1,2,3}$ 个新像元，直到其数量达到 $(Tg)_2$ 为止。T_3 所占的比例越大，被 T_3 获取的竞争像元 [即 $(CP)_{2,3}$、$(CP)_{1,2,3}$] 越多。

$$p_{3,2} = \frac{H_3}{H_3 + H_2} \tag{7-6}$$

$$p_{2,3} = \frac{H_2}{H_2 + H_3} \tag{7-7}$$

$$(Tp)_{2,3} = (NN)_2 + (NN)_3 + (CP)_{2,3} + (CP)_{1,2,3} \tag{7-8}$$

$$(Tg)_2 = p_{2,3} \times (Tp)_{2,3} \tag{7-9}$$

$$(Tg)_3 = p_{3,2} \times (Tp)_{2,3} \tag{7-10}$$

步骤（2）：T_3 继续与 T_1 竞争，假设在步骤（1）之后 T_3 具有（NN）$'_3$ 个像元，T_2 具有（NN）$'_2$ 个像元。根据式（7-5）计算，T_3 和 T_1 的生长比例分别为 $p_{3,1}$ 和 $p_{1,3}$。T_3 和 T_1 生长的总像元个数为（Tp）$_{1,3}$，见式（7-11）。T_3 将依次生长（NN）$'_3$ 和（CP）$_{1,3}$ 个新像元，直到其数量达到 $p_{3,1} \times$（Tp）$_{1,3}$ 为止；同样地，T_1 将依次生长（NN）$_1$ 和（CP）$_{1,3}$ 个像元，直到其数量达到 $p_{1,3} \times$（Tp）$_{1,3}$ 为止。

$$(Tp)_{1,3} = (NN)_1 + (NN)'_3 + (CP)_{1,3} \tag{7-11}$$

步骤（3）：T_2 继续与 T_1 竞争，假设在步骤（2）之后 T_1 具有（NN）$'_1$ 个像元。根据式（7-5）计算 T_2 和 T_1 的生长比例分别为 $p_{2,1}$ 和 $p_{1,2}$。T_2 和 T_1 生长的总像元是（Tp）$_{1,2}$，见式（7-12），T_2 将依次生长（NN）$'_2$ 和（CP）$_{1,2}$ 个像元，直到其数量达到 $p_{2,1} \times$（Tp）$_{1,2}$ 为止；同样地，T_1 将依次生长（NN）$'_1$ 和（CP）$_{1,2}$ 个像元，直到其数量达到 $p_{1,2} \times$（Tp）$_{1,2}$ 为止。

$$(Tp)_{1,2} = (NN)'_1 + (NN)'_2 + (CP)_{1,3} \tag{7-12}$$

因此，在双边竞争中，每棵树增长自己的普通邻域像元（NN），又根据其各自的竞争力获取相应的竞争像元，直到每对树均完成竞争过程为止。较大树冠将生长总生长像元中的较大比例。双边竞争机制的总增长量与单边竞争机制相同，两种方法的区别在于竞争像元的分配方式。上述所有算法均基于 MatLab R2011b 平台实现。

7.3.5 精度检验

本研究在样地和单木两个尺度进行精度评价。由于使用每个样地的参考树冠顶点作为标记点,树冠顶点探测的精度始终是100%。样地水平的精度检验使用的是树冠面积的相对误差(relative error of crown area, RE)作为评价指标,其考虑到勾绘树冠和参考树冠总面积的差异,RE的定义如式(7-13)所示:

$$RE = \frac{A_d - A_r}{A_r} \times 100\%$$ （7-13）

式中,A_d和A_r分别是勾绘树冠和参考树冠的总面积;RE为正值表示单木树冠勾绘算法高估了实际树冠的面积,负值则为低估了实际树冠的面积。

研究人员已经开发了大量的单木水平上的树冠精度检验指标。本研究使用基于1∶1匹配树冠的精度指标,其定义为重叠区域面积同时大于勾绘树冠和参考树冠面积的50%(Heinzel & Koch,2012;Ke & Quackenbush,2011b)。由于本算法使用参考树冠顶点作为标记点,使得勾绘树冠和参考树冠数量是相同,因此基于1∶1匹配树冠与参考树冠或勾绘树冠个数之比的生产者精度(producer's accuracy, PA)和用户精度(user's accuracy, UA)是相同的,并且可以用总体精度(overall accuracy, OA)来定义,如式(7-14)所示:

$$OA = PA = UA = (N_{1:1}/N) \times 100\%$$ （7-14）

式中,$N_{1:1}$是1∶1匹配树冠的数量;N是样地中参考单木的数量。由于不同样地可以包含不同数量的单木,某一种方法的精度指标(如RE和OA)可以通过样地上单木的加权均值来度量,如式(7-15)所示:

$$M = \frac{\sum_{i=1}^{n} N_i M_i}{\sum_{i=1}^{n} N_i}$$ （7-15）

式中,M是精度指标的加权均值;n是样地的数量;N_i是样地i上单木的数量;M_i是样地i的精度指标。

虽然基于1∶1匹配树冠的总体精度(OA)提供了单木水平的精度信息,但是其不能描述勾绘树冠的错误类型。为了进一步评价ITCD算法的性能,对树冠面积进行单木水平精度的详细分析。本研究应用第6章应用的9种情况的精度检验方法，但是由于使用的样地尺寸较小并且使用参考树顶作为标记，结果只出现其中4种情况，并定义如下。

（1）1：1匹配，即勾绘树冠面积与参考树冠面积重叠部分占勾绘树冠面积和参考树冠的面积比例均超过50%。

（2）匹配但未完全生长，即参考树冠仅与一个勾绘树冠重叠，并且重叠面积占勾绘树冠面积的比例高于50%，但占参考树冠面积的比例小于50%。

（3）匹配但过度生长，即参考树冠仅与一个勾绘树冠重叠，并且重叠面积占参考树冠面积的比例高于50%，但占勾绘面积的比例小于50%。

（4）错位匹配，即参考树冠仅与一个勾绘树冠重叠，但重叠部分的面积占参考单木面积和探测单木面积的比例都不超过50%。

该分析同时考虑了树冠顶点位置和树冠面积，为评价三种不同的区域生长算法提供了详细信息。这4种情况的百分比之和为100，并且"1：1匹配树冠"情况的百分比与式（7-14）定义的OA值相等。

7.3.6　竞争效应研究

为了研究竞争效应，本研究应用了一个完全随机区组设计（randomized complete block design, RCBD），其中样地作为区组，三种区域生长算法作为处理方案，RE和OA分别作为样地和单木水平的响应变量，应用方差分析（analysis of variance, ANOVA）来比较三种区域生长算法的平均精度，并探讨了加入竞争机制的区域生长算法（ABRG1W或ABRG2W）相比于没有竞争的区域生长算法（MCRG）是否能提高精度的问题。

此外，本研究基于样地统计特征（如优势木平均高，平均树间隔和相对距离）探讨了不同森林类型的OA与竞争水平之间是否存在联系；在针叶样地和阔叶样地上计算了RS和应用三种区域生长算法得到的OA之间的Pearson相关系数。RS和OA间较高的正Pearson相关系数表示OA随竞争水平（即1/RS）的降低而提高，而较高的负Pearson相关系数表示OA随竞争水平的增加而提高。相关性反映了不同森林类型的特征，并且可以为如何在特定情况下选择合适的区域生长法提供指导。

7.4 研究结果

7.4.1 区域生长法中应用的回归模型

本研究中使用的区域生长算法需要设置两个阈值：①树冠面积阈值（$thres_{area}$）；②树高（H_t）和树冠最边缘处高度（H_c）之差的阈值（$thres_{diff}$）（Zhen et al., 2014）。这些阈值通过分别对针叶树和阔叶树构建冠幅（W）–H_t和H_t–H_c的回归方程来预测。参考针叶树和阔叶树的冠幅和树高的描述型统计量如表7.1所示。针叶树的树高和冠幅从 ref-field 数据集中获得；由于缺少阔叶树的样地数据，其冠幅和树高从 ref-Deci-ALS 数据集中获得。对于 ref-Deci-ALS 中的每个参考阔叶树，树高是树冠内离散点云上高度的最大值，冠幅为树冠内点之间的平面距离最大值。由表7.1可知，阔叶树相对针叶树冠幅较大。虽然针叶树和阔叶树最大高度相差无几，但由于落叶树中存在部分小树导致其平均高度比针叶树要小。阔叶树的树高和冠幅变异程度远大于针叶树。

表7.1 针叶林和阔叶林树高和冠幅的统计学描述

样地	变量	最小值/m	均值/m	中值/m	最大值/m	标准差/m
针叶林	树高	15.4	27.0	27.3	32.8	2.4
（来自 ref-field 数据集）	冠幅	1.4	4.2	4.0	10.3	1.4
阔叶林	树高	8.0	21.8	21.8	32.4	4.4
（来自 ref-Deci-ALS 数据集）	冠幅	4.4	8.4	8.2	15.3	2.2

本研究应用SAS 9.3软件（SAS Institute, Inc. 2011）建立非线性回归分别来表达针叶树和阔叶树这两个变量之间的关系［式（7-16）和式（7-17）］。如式（7-16）和式（7-17）所示，在本研究区域中，对于树高相同的针叶树和阔叶树，阔叶树的冠幅要比针叶树冠幅大得多。本研究应用其冠幅（W）和树高（H_t）之间的关系控制区域生长算法中的树冠面积。

$$针叶树：W=e^{0.075+0.048×H_t} \tag{7-16}$$

$$阔叶树：W=e^{1.557+0.025×H_t} \tag{7-17}$$

为了获得 $thres_{diff}$，本研究应用 *ref–Coni–ALS* 和 *ref–Deci–ALS* 数据集并利用基于体元的激光雷达方法估测了 H_t 和 H_c（Popescu & Zhao, 2008）。本研究利用 H_c 作为因变量，H_t 作为自变量构建线性回归来预测任意高度针叶树［式（7–18）］和阔叶树［式（7–19）］的树冠最边缘处高度。对于阔叶树，当树高增加 1m 时，阔叶树树冠最边缘处高度的增加量（约 1m）比针叶树树冠最边缘处高度的增加量（约 0.8m）更大，使得阔叶树冠幅比针叶树冠幅更大。高度差阈值（$thres_{diff}$）为这两个高度的差值。

$$针叶树：H_c=0.799 \times H_t+2.623 \qquad\qquad （7–18）$$

$$阔叶树：H_c=0.995 \times H_t-1.213 \qquad\qquad （7–19）$$

7.4.2 不同区域生长法的定性比较

本研究应用 5 个针叶树样地和 5 个阔叶样地分别比较了标记控制区域生长法（MCRG）、基于 Agent 的单边竞争（ABRG1W）和双边竞争（ABRG2W）区域生长法。本节中使用了一个针叶树样地（CP5）和一个阔叶树样地（DP2）作为示例，在图 7.6 中突出显示了三棵样本树来定性比较三种算法之间的差异。

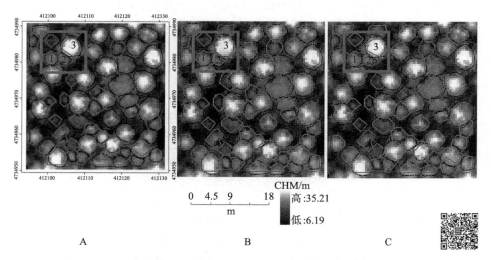

图 7.6　在样地 CP5 上分别应用 MCRG（A）、ABRG1W（B）和 ABRG2W（C）三种算法进行树冠勾绘的结果，其中灰色矩形框内 CT1、CT2、CT3 为三个示例树

A ~ C 三幅图处于同一位置，黑色边界表示参考树冠，灰色边界表示勾绘树冠

图7.6显示了分别应用MCRG、ABRG1W和ABRG2W对CP5样地中树冠边界的勾绘图，并突出了针叶树竞争组（灰色矩形框）内的样本树CT1、CT2和CT3。三种算法勾绘的树冠具有相似的树冠边界，因为它们使用的基本生长过程相同。其主要区别在于基于Agent的算法通过竞争机制调整相互接触的树冠边界。表7.2总结了CP5和DP2样地中三个示例树的算法勾绘树冠和参考树冠之间的树高、树冠面积（m^2）和树冠面积误差（m^2）。如图7.6A所示，CT1、CT2和CT3的树冠区域十分相似，应用MCRG算法得到的CT2树冠轻微"侵蚀"了CT3树冠。如图7.6B所示，应用ABRG1W算法得到的CT1轻微侵蚀了CT2的西侧树冠，因为其高度（27.8m）大于CT2（25.3m），在单边竞争中获得了所有的竞争像元。由于CT3高度更高（35.2m）而将其边界向CT2方向扩展，使得应用ABRG1W得到的CT2和CT3有更精确的树冠边界。对于AGRB2W，树冠边界与MCRG相似（图7.6C），因为双向竞争意味着较大树冠CT3的生长也受到较小树冠CT2的影响。由于MCRG算法上的生长仅与树顶位置和停止条件有关，CT2和CT3具有非常相似的树冠面积（分别为18.0m^2和16.3m^2）（表7.2）。CT2的树冠面积被高估了约10.3m^2，而较大的CT3的树冠面积被低估了约8.3m^2。ABRG1W与MCRG相比，降低了对CT2树冠的高估面积（从10.3m^2降低到3.0m^2），并降低了对CT3树冠的低估面积（从8.3m^2降低到4.3m^2）。ABRG2方法同样降低了对CT2树冠的高估面积和对CT3树冠的低估面积，但是其修正效果不如ABRG1W理想。因此，对此竞争组，ABRG1W产生了与参考数据最接近的树冠勾绘结果。

表7.2 应用三种区域生长法在针叶树和阔叶树样地上三棵样本树的树高、树冠面积和树冠面积误差（勾绘树冠面积－参考树冠面积）

样地	树号	树高/m	树冠面积（误差）/m^2			
			参考面积	MCRG	ABRG1W	ABRG2W
CP5	CT1	27.8	12.5	14.3（1.8）	16.8（4.3）	15.8（3.3）
	CT2	25.3	7.8	18.0（10.3）	10.8（3.0）	14.0（6.3）
	CT3	35.2	24.5	16.3（−8.3）	20.3（−4.3）	18.5（−6.0）
DP2	DT1	18.8	19.3	23.5（4.3）	24.3（5.0）	22.8（3.5）
	DT2	20.9	17.0	20.0（3.0）	23.0（6.0）	20.3（3.3）
	DT3	16.8	19.3	24.5（5.3）	14.3（−5.0）	18.0（−1.3）

图7.7展示了在阔叶树样地（DP2）上应用三种区域生长算法的树冠边界勾绘结果，并且用灰色矩形框突出显示了阔叶林竞争组内三个样本树（DT1、DT2和DT3）。与针叶树类似，由于其生长过程基本相同，三幅图上树冠勾绘的结果是相似的，只存在通过竞争过程调整的树冠边界差异。例如，应用MCRG算法时，DT1、DT2、DT3同时生长，当与其他树冠边界接触时停止（图7.7A），因此产生了相似的树冠面积（分别为23.5m²、20m²和24.5m²）（表7.2）。如图7.7B所示，对于ABRG1W方法，因为DT2高度（20.9m）高于DT3（16.8m），DT2树冠明显侵蚀了DT3树冠。由于在竞争组中DT2树高最大，ABRG1W增加了DT2的树冠面积（23m²）。与MCRG相比，ABRG2W算法减少了DT1的树冠面积误差（从4.3m²到3.5m²）和DT3的树冠面积误差（从5.3m²到－1.3m²），并且没有像ABRG1W方法一样高估了DT2的树冠面积（6.0m²对比3.3m²）。因此，对于此竞争邻域，ABRG2W的勾绘效果最好。

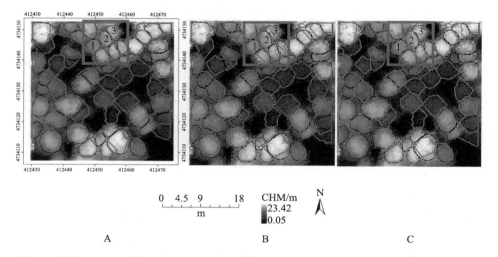

图7.7　在样地DP2上使用MCRG（A）、ABRG1W（B）和ABRG2W（C）三种算法进行树冠勾绘的结果，其中灰色矩形框内DT1、DT2、DT3为三个示例树

A～C三幅图处于同一位置，黑色边界表示参考树冠，灰色边界表示探测到的树冠

7.4.3　不同区域生长法的定量比较

根据本章7.3.5提出的精度检验指标，本研究同时在单木和样地两个水平

上进行定量的精度评价。表7.3总结了5个针叶林样地树冠勾绘的精度检验结果。对于样地水平的精度检验，单边竞争区域生长法（ABRG1W）略微降低了应用MCRG方法得到的加权平均RE。总体上，竞争过程减少了除CP1之外所有样地的RE，对于CP1样地，所有算法均较大程度地低估了树冠面积。在单木水平上，对于针叶样地，两种基于Agent的方法都得到了比MCRG更高的加权平均OA（即有更多的1：1匹配树冠）。由表7.3可知，由于ABRG1W限制了小树的生长，ABRG1W通过减少"匹配但过度生长"的情况（从8.9%降低到4.7%）改善MCRG的OA；ABRG2W方法略微地减少了"匹配但未完全生长"（从3.3%到2.8%）和"匹配但过度生长"（从8.9%到5.6%）两种情况，从而改善了OA。由于使用参考树顶作为初始标记，针叶树样地OA相对较高（83%以上），并且所有误差均来自区域生长勾绘过程。结果表明，与应用MCRG算法得到较低OA的样地（如CP1–CP3）相比，如果使用MCRG算法得到样地的OA值已经高于90%（如CP4和CP5），则通过竞争过程改善OA的效果不大。

表7.3　在针叶树样地上应用标记控制区域生长法（MCRG）和基于Agent的区域生长法［单边竞争（ABRG1W）和双边竞争（ABRG2W）］进行树冠勾绘的精度评价

检验指标	样地	个数	MCRG/%	ABRG1W/%	ABRG2W/%
树冠面积相对误差（RE）	CP1	30	−23.8	−24.1	−24.6
	CP2	46	−10.0	−7.9	−9.7
	CP3	37	3.9	1.6	1.9
	CP4	45	15.2	15.2	15.0
	CP5	56	−4.8	−3.7	−4.0
加权均值			−2.9	−2.6	−3.1
1：1匹配（总体精度，OA）	CP1	30	83.3	90.0	90.0
	CP2	46	87.0	89.1	91.3
	CP3	37	83.8	86.5	91.9
	CP4	45	91.1	93.3	91.1
	CP5	56	91.1	94.6	91.1

续表

检验指标	样地	个数	MCRG/%	ABRG1W/%	ABRG2W/%
加权均值			87.9	91.1	91.1
	CP1	30	10.0	10.0	6.7
	CP2	46	6.5	2.2	4.4
匹配但未 完全生长	CP3	37	0.0	8.1	2.7
	CP4	45	0.0	0.0	0.0
	CP5	56	1.8	1.8	1.8
加权均值			3.3	3.7	2.8
	CP1	30	6.7	0.0	3.3
	CP2	46	6.5	8.7	4.4
匹配但 过度生长	CP3	37	16.2	2.7	2.7
	CP4	45	8.9	6.7	8.9
	CP5	56	7.1	3.6	7.1
加权均值			8.9	4.7	5.6

表7.4展示了阔叶林样地树冠勾绘的精度评价结果。与针叶林树冠勾绘结果类似，基于Agent的竞争过程将样地尺度的树冠面积误差降低了大约6%。与针叶林勾绘结果相反的是，RE显示了三种区域生长法均高估了阔叶树样地中的树冠面积。这可能是因为从冠幅传递的$thres_{area}$误差表现在阔叶树上比针叶树上更为显著，并导致过度估计的阔叶树冠面积更大。在单木尺度上，两个竞争过程通常都可以改善MCRG的OA，由于"匹配但过度增长"情况的减少，ABRG2W对OA的改善程度比ABRG1W的更大（约4%）。虽然ABRG1W也大大减少了这种情况，但其同时增加了"匹配但未完全生长"的情况，因此当应用单边竞争时，欠生长和过生长误差相互抵消。

表7.4 在阔叶林样地上使用标记控制区域生长法（MCRG）和基于Agent的区域生长法［单边竞争（ABRG1W）和双边竞争（ABRG2W）］进行树冠勾绘的精度评价

检验指标	样地	个数	MCRG/%	ABRG1W/%	ABRG2W/%
树冠面积相对误差（RE）	DP1	37	7.0	3.8	6.6
	DP2	56	8.9	5.1	4.3
	DP3	54	15.1	8.0	10.7
	DP4	56	28.5	20.7	18.8
	DP5	68	13.7	6.6	6.8
加权均值			15.1	9.1	9.5
1∶1匹配（总体精度，OA）	DP1	37	86.5	94.6	83.8
	DP2	56	83.9	82.1	91.1
	DP3	54	77.8	77.8	81.5
	DP4	56	69.6	71.4	75.0
	DP5	68	73.5	69.1	76.5
加权均值			77.5	77.5	81.2
匹配但未完全生长	DP1	37	0.0	0.0	0.0
	DP2	56	0.0	1.8	0.0
	DP3	54	0.0	7.4	3.7
	DP4	56	0.0	5.4	0.0
	DP5	68	0.0	5.9	0.0
加权均值			0.0	4.4	0.7
匹配但过度生长	DP1	37	13.5	5.4	16.2
	DP2	56	16.1	16.1	8.9
	DP3	54	22.2	14.8	14.8
	DP4	56	30.4	21.4	25.0
	DP5	68	26.5	20.6	23.5
加权均值			22.5	16.6	18.1

　　本研究采用了完全随机区组设计（RCBD）实验，其中样地作为区组，三个区域生长算法作为处理方案，RE和OA分别作为单木和样地尺度的响应变量。表7.5总结了基于RCBD方差分析方法得到的三种区域生长法加权平均精度的比较。如表7.5所示，对于针叶树，在样地尺度上不同算法之间没有统计学上的显

著差异，但是在单木尺度上存在显著差异（α=0.1）。

表7.5 三种区域生长算法的加权平均精度比较（完全随机区组设计方差分析）

林分类型	精度指标	比较	差异估计值/%	SE/%	P 值
针叶林	RE	ABRG1W vs. ABRG2W	−9.3	8.9	0.33
		ABRG1W vs. MCRG	−3.9	8.9	0.68
		ABRG2W vs. MCRG	5.5	8.9	0.56
	OA	ABRG1W vs. ABRG2W	−0.4	1.5	0.80
		ABRG1W vs. MCRG	3.3	1.5	**0.06**
		ABRG2W vs. MCRG	3.7	1.5	**0.04**
阔叶林	RE	ABRG1W vs. ABRG2W	−0.6	1.2	0.62
		ABRG1W vs. MCRG	−5.8	1.2	**< 0.01**
		ABRG2W vs. MCRG	−5.2	1.2	**< 0.01**
	OA	ABRG1W vs. ABRG2W	−2.6	2.6	0.34
		ABRG1W vs. MCRG	0.7	2.6	0.78
		ABRG2W vs. MCRG	3.3	2.6	0.23

注：粗体的 P 值表示比较误差率为 α=0.1 时算法间存在显著性差异；RE.树冠面积的相对误差；SE.估计值的标准误差；MCRG.标记控制区域生长法；ABRG1W.单边竞争的基于 Agent 区域生长法；ABRG2W.双边竞争的基于 Agent 区域生长法

表 7.5 表明，对于针叶林，ABRG1W 比 MCRG 得到的 OA 提高了 3.3%，ABRG2W 比 MCRG 得到的 OA 提高了 3.7%。应用 ABRG1W 和 ABRG2W 方法得到的 OA 没有显著性差异。对于阔叶林，在样地尺度上，基于 Agent 的方法和 MCRG 方法之间差异显著（$P < 0.01$），其中，ABRG 相比于 MCRG 的 RE 减少约 5%。对于阔叶林，尽管 ABRG2W 在单木尺度上将 MCRG 方法得到的 OA 提高了 3.3%，但由于在阔叶林样地中得到的 OA 标准差（2.6%）比针叶林的 OA 标准差（1.5%）更大，因此，ABRG2W 和 MCRG 在统计学上没有显著性的差异（P=0.23）。OA 的变化是由阔叶树树高的变化较大和树冠形状相对不规则造成的。

7.4.4 相对间距对不同区域生长法的影响

为了进一步评估相对距离（RS）对不同区域生长法的影响，表 7.6 对单木数量、树高（参考树冠顶点的高度）、平均优势树高、平均距离、针叶林和阔叶林样地的RS（较低的RS对应样地的竞争力较大）进行了总结。总体来说，阔叶林样地RS值（0.1～0.2）比针叶树样地RS值（0.2～0.3）更高，因为与阔叶树相比，针叶树树高更高，且其在样地内种植的间距更小（表7.6）。在针叶林样地中，对于ABRG2W算法，RS与OA具有−0.71的负相关性（表7.7），这表明随着RS减少，ABRG2W的OA增加，说明在针叶林中当竞争较激烈（即较小的RS值）时，应用ABRG2W方法可以得到更高的精度。RS和应用ABRG1W方法得到的OA的相关系数为+0.44，这表明在针叶林中，当竞争力水平降低（较大的RS值）时，应用ABRG1W算法只能略微改善OA，这是因为研究中的针叶林是人工经营的，且具有相似的树高和间隔，这种情况可能不满足单向竞争机制。RS和应用MCRG算法得到的OA间几乎没有相关性。对于阔叶林样地，三种算法得到的OA和RS之间均具有正相关性，表明在竞争水平降低（即RS值较大）时，三种算法都提高了OA。对于ABRG1W算法，OA与RS具有很高的相关性（0.92），这表明当竞争水平降低（即RS值较大）时，ABRG1W可以提高OA。因为竞争水平下降，阔叶林中树冠倾向于相互分离，在这种情况下较高或较大的树可能会限制较小树木的生长，这与单向竞争的机制一致。对于阔叶林样地，应用MCRG和ABRG2W得到的OA与RS均具有相对较低的相关性（分别为0.75和0.40）。一般来说，树冠勾绘算法得到的总体精度（OA）与竞争水平在阔叶林样地中比在针叶林样地中相关性更高。这可能是因为更大、更平的阔叶林树冠通常比针叶林树冠更容易与其他树冠接触。

表7.6　针叶林和阔叶林各样地中株数、树高统计量、平均优势树高（Dom_hgt）、单木间平均距离（Ave_dist）和相对间距（RS）

样地	株数	树高统计量/m					Dom_hgt /m	Ave_dist/m	RS
		最小值	均值	中值	最大值	标准差			
CP1	30	22.2	27.9	28.1	31.2	2.0	29.3	3.8	0.129
CP2	46	21.5	26.1	26.0	31.0	2.3	27.9	3.5	0.127
CP3	37	25.1	28.7	29.1	33.2	1.9	30.2	3.3	0.109

续表

样地	株数	树高统计量/m					Dom_hgt /m	Ave_dist/m	RS
		最小值	均值	中值	最大值	标准差			
CP4	45	22.4	28.7	29.1	31.5	2.1	30.2	3.5	0.116
CP5	56	22.5	28.2	28.1	35.2	2.8	30.4	3.9	0.128
DP1	37	5.9	13.9	12.3	24.0	5.3	18.0	4.9	0.273
DP2	56	7.1	16.6	17.1	23.0	4.5	20.3	4.6	0.225
DP3	54	6.2	17.7	18.6	24.5	4.9	21.5	4.4	0.203
DP4	56	13.5	18.7	18.6	25.1	2.5	20.7	4.4	0.212
DP5	68	5.2	16.2	15.7	26.6	6.1	21.5	4.4	0.202

表 7.7 针叶林和阔叶林样地中相对间距和应用三种区域生长法得到的总体精度（OA）间的 Pearson 相关系数（r）

样地	MCRG	ABRG1W	ABRG2W
针叶林	0.11	0.44	−0.71
阔叶林	0.75	0.92	0.40

7.5 讨论

本研究分别在针叶林和阔叶林样地上比较了三种区域生长法进行单木树冠提取的效果，包括标记控制区域生长法（MCRG）、基于 Agent 单边竞争的区域生长法（ABRG1W）和基于 Agent 双边竞争的区域生长法（ABRG2W）。三种算法共享一个生长过程且具有适用于两种林分类型的阈值，并应用参考树冠顶点作为标记开始生长。ABRG 中的树冠顶点具有个体作用，基于个体的建模思想（Lett et al., 1999），它不仅启动生长过程，而且与其环境进行交互。因此，MCRG 是面向空间的，而 ABRG 是面向个体的。基于个体的思想经常被用于模拟树木生长、林业的动态竞争和森林的演替中（Lett et al., 1999; Liu & Ashton, 1995），本研究将这种思想首次应用在 ITCD 的算法上。每个 Agent 通过考虑其树高和与竞争者间距离的单边或双边竞争过程与其环境进行交互。这类似于 Munro（1974）首次提出的与距离相关的树木生长模型，使用实际树干位置来计算距离和竞争（Pretzsch et al., 2002）。与距离相关的树木生长模型和基于 Agent 区域生长算法的主要区别是，前者在竞争指标中要求根据树冠大小和距离有效地定义竞争树的数量和影响（DeAngelis & Gross, 1992）。例如，Hegyi（1974）通过中心树固定半径内的竞争者数量来定义尺寸比–距离指数。Daniels（1976）应用对目标树进行固定角规（fixed angle-gauge）绕测的方法来定义竞争者。相反，ABRG 在生长过程中自动地选择竞争者，竞争者可能随树冠的生长而改变。与距离相关的模型中竞争指数通常根据与竞争者的距离、胸高断面积或胸径来决定（Hegyi, 1974；Moore et al., 1973；Spurr, 1962），但这些参数不容易从遥感数据中获得。本研究通过对相对间隔的修改引入竞争力来衡量两棵树间的竞争，其中树高和树木间隔可以很容易地从树冠顶点位置和 ALS 数据中获得。

MCRG 提供了优于传统 ITCD 方法的几个优点。例如，避免对树冠面积的过高估计、良好的处理效率和灵活性以及处理树木之间较小的林隙（Zhen et al., 2014）。ABRG 还同时考虑了对象树与其竞争树树高和距离的生长和竞争过程。此外，基于 Agent 的算法通过使用竞争力矩阵使其在竞争过程中不受树木顺序的影响，该矩阵表示在一次生长循环中每棵树对其竞争邻域内所有竞争者的竞争力。虽然竞争邻域可能在不同生长循环中改变，但是无论加入竞争过程的树木顺序如何，ABRG 都能够找到相同的竞争邻域并得到相同的竞争结果。由于竞争过程需要耗费一定的时间，ABRG 算法的效率略低于 MCRG。例如，MCRG 需要 4min 处理一个 $1hm^2$ 的样地，而 ABRG1W 和 ABRG2W 分别需要 7min 和 10min。

本研究在引入新的 ABRG 方法时做了一些限定性假设。与 MCRG 一样，树冠顶点的探测结果将直接影响到 ABRG 进行树冠勾绘的结果（Zhen et al., 2014）。然而，在本研究中引用了参考树冠顶点，即树冠顶点的探测错误不做考虑，只比较了树冠勾绘方法中有无竞争过程的影响。此外，ABRG 在生长过程中需要可靠的阈值，这取决于林分条件和图像分析技术。在本研究中需要部分实测数据（如树高和冠幅）来获取阈值，这可能需要一定的成本。一些勾绘出的树冠边界呈现出来较为尖锐的边缘（图7.6和图7.7），这主要是由于生长过程中选择的邻域阈值。通过实验发现，算法中每次循环使用的二阶棋盘式最近邻域优于其他邻域方案，如 queen 邻域，并可以代表典型树冠的圆形形状（Zhen et al., 2014）。在未来的研究中应考虑树冠顶点探测误差和阈值的灵敏度对 ABRG 结果的影响。

参考树冠的获取几乎是所有 ITCD 研究的挑战，大多数研究依旧通过对遥感影像进行目视解译，手动勾绘树冠作为参考树冠（Heinzel & Koch，2012；Jing et al., 2012）。由于没有一致和标准的精度检验过程，对参考树冠和勾绘树冠之间对应关系的评价也较困难。本研究中 1∶1 匹配情况与 Jing 等（2012）使用的"匹配"具有相同的定义，即重叠面积同时大于参考树冠和勾绘树冠的 50%。其他三种情况（即匹配但不完全生长、匹配但过度增长、错位匹配）涵盖了本研究中出现的所有错误类型。未来工作中应该应用实地测量的参考树冠和统一的精度检验过程来验证 ITCD 算法的精度。

ITCD 算法的性能在很大程度上取决于树冠密度和聚集程度（Vauhkonen et al., 2012）。在 20 世纪 90 年代直到 2000 年左右，大多数 ITCD 算法应用在密闭针叶林，这些森林位于高纬度地区，是最初进行 ITCD 研究的主要森林资源。此外，大多数算法都是基于树冠形状为锥形这一基本假设研发的，更适合针叶树（Ke & Quackenbush，2011a）。Leckie 等（2003b）将他们的谷底追踪算法应用于不同密度（300 株/hm^2、500 株/hm^2 和 725 株/hm^2）的同龄（55 岁）黄杉林样地中，并发现这种方法在中等密度的针叶林中应用光学影像和应用激光雷达数据得到的结果精度相差无几。在过去 10 年间，ITCD 研究关注的森林类型已经从密闭的针叶林向更具挑战性的密闭阔叶林和针阔混交林转变。例如，Gupta 等（2010）对阔叶林、针叶林和针阔混交林中年龄较大的树（高度为 15.0～50.9m）应用了聚类算法，在 1.2hm^2 面积上共探测到 378 棵树。然而，由于缺乏实测数据，无法定量地验证结果。Lu 等（2014）提出了一种自下而上的方法，根据地基激光雷达点云数据的强度信息和三维结构来分割单株阔叶树。他们应用 20 块样地中 770 棵参考树冠来测试算法，发现在分割出的 669 棵树中，648 棵被正确分割，21 棵被错误探测，而 122 棵树没有被探测到。然而，大多数 ITCD 研究还是在针叶林而不是阔叶林、同龄林而不是异龄林、纯林而不是混交林、稀疏而不是致密的冠层条件下得到更高的精度（Forzieri et al., 2009；Gougeon & Leckie，2006；Hu et al., 2014；Pouliot et al., 2005）。研究人员还试图应用高采样密度的激光雷达数据来识别被压木或弯曲木（Hirata et al., 2009；Duncanson et al., 2014）。

本研究针对针叶林和阔叶林样地的总体精度和相对间距分析了竞争的影响。虽然本研究的结果没有明确哪种竞争机制取得了更好的结果，但相比于MCRG算法，加入了竞争机制的ABRG算法对针叶林在单木水平和阔叶林在样地水平上的单木树冠提取精度有明显的改善。由于阔叶树更平、更大的树冠使得阔叶林样地的OA比针叶林样地的OA变化更大，因此，应用ABRG和MCRG算法对阔叶树树冠进行勾绘得到的精度在单木水平上没有显著的差异。一般来说，三个区域生长算法的总体精度（OA）与样地中的树木竞争水平在阔叶林中的相关性更强，这可能是因为较平、较大的阔叶树树冠比针叶树相比更容易与其他树冠相互接触。然而，树冠竞争作为一个空间过程，很大程度上取决于树冠位置的空间分布（如随机分布、规则分布、聚集或聚类分布）（Shi & Zhang，2003）。树木位置的空间分布是一个重要问题，因为它可能导致树木参数（如树高、冠幅、胸径）的空间自相关性（Zhang et al., 2009）或影响树木大小（Miller & Weiner，1989）、生长和死亡率（Kenkel，1988）、冠层结构（Rouvinen & Kuuluvainen，1997）的变化。在本研究中，空间分布直接影响算法中竞争邻域的特征（如树木数量和大小）。因此，可以基于竞争邻域进一步研究竞争机制与所勾绘树冠的精度之间的直接因果关系，这将有助于用ITCD算法自动地确定针叶树和阔叶树，甚至不同树种的竞争机制。这样的研究目前十分困难，因为在ABRG算法中应用的是动态竞争邻域，而且参考树冠的准备十分耗时。

代表着不同竞争邻域的模拟数据可以应用于对不同竞争机制的研究中。局部空间统计量［如空间联系的局部指标（local indicators of spatial association，LISA）］可以应用于研究不同树种、不同大小和不同间隔距离的邻域树木对中心树的影响（Shi & Zhang，2003）。LISA还与某些传统的竞争指数具有很强的线性关系，并且适合于识别具有相似大小（即正的空间自相关性或"热点"）或不同大小的树木聚类（即负的空间自相关或"冷点"）（Shi & Zhang，2003）。因此，LISA可以用作指示指标，以确定基于Agent区域生长算法中的特定竞争邻域适合应用单边还是双边竞争。研发自动地为不同竞争邻域确定不同竞争机制的 ITCD 算法是一个非常有吸引力的主题，可以支持未来更高效、更精确的树冠勾绘研究。

7.6　结论

本研究提供了一种将 Agent 模型概念应用在区域生长算法中进行单木树冠分割的全新应用，该模型在过去的研究中常用于模拟森林动态和演替。与 MCRG 算法相比，包含竞争机制的 ABRG 算法从几个方面提高了针叶林和阔叶林中的单木树冠提取精度。双边竞争的 ABRG 算法在竞争较为激烈的茂密针叶林地区提供了更准确的结果。在阔叶林样地，单边竞争 ABRG 算法获取的单木树冠勾绘精度和 RS 有很强的相关性（0.92）（即与竞争水平有强负相关性），因为随着竞争水平的下降，较高或较大的树冠可能强烈地抑制了矮小树木的生长，这一点与单边竞争机制相同。ABRG 的改善程度与样地中树木的特征有关（即树冠高度和密度）。

ABRG 是在 MCRG 的基础上建立起来的，与 MCRG 算法相比有两方面的改进。一方面，由于这种方法模拟了树木的生长和竞争，因此它在生态学范畴上结合了图像处理技术。竞争过程考虑到了目标树与其竞争者的高度和距离，这些信息可以很容易地从 ALS 数据中获得。另一方面，ABRG 基于竞争力矩阵，在竞争过程中，此算法不受树木竞争顺序的影响，提高了算法的可靠性。与标记控制区域生长法一样，ABRG 算法的精度在很大程度上取决于树冠顶点和生长过程中阈值的选择。在未来的研究中，可以进一步应用基于竞争邻域的模拟数据研究竞争机制和树冠勾绘精度之间的因果关系，研究区域不仅局限于针叶林和阔叶林，还可以针对某些特定树种。在将来的研究中，可以进一步改进基于 Agent 的区域生长算法，以自动地对特定树种的不同竞争邻域确定不同的竞争过程。

主要参考文献

车腾腾，冯益明，吴春争．2010．"3S"技术在精准林业中的应用．绿色科技，10：158-162．

陈昌鸣，向煜，龙川．2015．基于车载激光雷达的行道树提取研究．北京测绘，1：18-21．

陈洪斌．1994．空间被动微波遥感地球大气和陆洋面．大自然探索，4：79-85．

初青瑜．2010．Matlab在图像处理中的应用．信息技术与信息化，（4）：55-56．

崔少伟．2011．基于高分辨率遥感数据单木树冠提取研究．哈尔滨：东北林业大学硕士学位论文．

丁琼．2008．IKONOS卫星立体像对几何模型解算及三维定位精度分析．西安：西安交通大学硕士学位论文．

冯仲科，赵春江，聂玉藻，等．2004．精准林业．北京：中国林业出版社．

郭永飞，韩震，张琨．2011．长江口九段沙潮沟信息区域生长法提取及分维研究．海洋地质与第四纪地质，31（2）：31-35．

黄洪宇．2013．基于地面激光雷达点云数据的单木三维建模综述．林业科学，49：123-130．

黄建文，陈永富，鞠洪波．2006．基于面向对象技术的退耕还林树冠遥感信息提取研究．林业科学，42（1）：68-71．

黄金龙，居为民，郑光，等．2013．基于高分辨率遥感影像的森林地上生物量估算．生态学报，33（20）：6497-6508．

黄谊，任毅．2012．基于阈值法和区域生长法的图像分割算法研究．电子测试，10：23-25，36．

李传荣．2014．无人机遥感载荷综合验证系统技术．北京：科学出版社．

李久权，王平，王永强．2006．CT图像分割几种算法．微计算机信息，22（4）：240-242．

李立刚．2006．星载遥感影像几何精校正方法研究及系统设计．西安：中国科学院西安光学精密机械研究所博士学位论文．

李响，甄贞，赵颖慧．2015．基于局域最大值法单木位置探测的适宜模型研究．北京林业大学学报，37（3）：27-33．

凌春丽，朱兰艳，吴俐民．2010．WorldView-2影像林地信息提取的研究与实现．测绘科学，35（5）：205-207．

刘光孟，汪云甲，王允．2010．反距离权重插值因子对插值误差影响分析．中国科技论文，5（11）：879–884.

刘鲁霞．2014．用地基激光雷达提取单木结构参数——以白皮松为例．遥感学报，28：365–377.

刘清旺，李增元，陈尔学，等．2008．利用机载激光雷达数据提取单株木树高和树冠．北京林业大学学报，30（6）：83–89.

刘晓双，黄建文，鞠洪波．2010．高空间分辨率遥感的单木树冠自动提取方法与应用．浙江林学院学报，27（1）：126–133.

罗文村．2001．基于阈值法与区域生长法综合集成的图像分割法．现代计算机，5：43–46.

罗志清，张惠荣，吴强，等．2006．机载LiDAR技术．信息技术，2：20–25.

聂玉藻，马小军，冯仲科，等．2002．精准林业技术的设计与实践．北京林业大学学报，24（3）：89–93.

全晓萍，宋志勇．2007．LiDAR基本原理及其在电力勘测中的应用．科技创新导报，32：97.

任佳，高晓光．2012．贝叶斯网络参数学习及对无人机的决策支持．北京：国防工业出版社．

尚任，习晓环，王成，等．2015．利用地面激光扫描数据提取单木结构参数．测绘科学，40：78–81.

孙华．2006．SPOT5在森林资源调查中的应用研究——以资兴市天鹅山林场为例．长沙：中南林业科技大学硕士学位论文．

孙华，鞠洪波，张怀清，等．2014．基于Worldview-2影像的林木冠幅提取与树高反演．中南林业科技大学学报，34（10）：45–50.

覃先林，李增元，易浩若．2005．高空间分辨率卫星遥感影像树冠信息提取方法研究．遥感技术与应用，20（2）：228–232.

王凯．2013．车载激光雷达在铁路复测中的应用探讨．铁道建筑，2：81–83.

王平．2012．基于机载LiDAR数据和航空像片的单木参数提取研究．哈尔滨：东北林业大学硕士学位论文．

魏征．2012．车载LiDAR点云中建筑物的自动识别与立面几何重建．武汉：武汉大学博士学位论文．

徐文学，杨必胜，魏征，等．2013．多标记点过程的LiDAR点云数据建筑物和树冠提取．测绘学报，42（1）：51–58.

杨浩，游安清，潘文武，等．2015．车载激光雷达三维点云重构与漫游方法．太赫兹科学与电子信息学报，13（4）：579–583.

杨蕾．2006．基于Spot5遥感影像提取水土保持信息的研究．西安：西北大学硕士学位论文.

张黎莉. 2011. 森林调查的目的和意义. 科技创新导报, 12: 246.

周宇飞. 2007. 多专题森林资源调查数据采集系统研究. 北京: 北京林业大学硕士学位论文.

邹晓亮. 2011. 车载测量系统数据处理若干关键技术研究. 郑州: 中国人民解放军信息工程大学博士学位论文.

Adams R, Bischof L. 1994. Seeded region growing. IEEE Transactions on Pattern Analysis & Machine Intelligence, 16(6): 641-647.

Alberti G, Boscutti F, Pirotti F, et al. 2013. A Lidar-based approach for a multi-purpose characterization of Alpine forests: an Italian case study. Iforest-Biogeosciences and Forestry, 6: 156-168.

Alemdag IS. 1986. Estimating oven-dry mass of trembling aspen and white birch using measurements from aerial photographs. Canadian of Journal of Forest Research, 16: 163-165.

Ardila JP, Bijker W, Tolpekin VA, et al. 2012. Context-sensitive extraction of tree crown objects in urban areas using VHR satellite images. International Journal of Applied Earth Observation and Geoinformation, 15: 57-69.

Ardila JP, Tolpekin VA, Bijker W, et al. 2011. Markov-random-field-based super-resolution mapping for identification of urban trees in VHR images. ISPRS Journal of Photogrammetry and Remote Sensing, 66: 762-775.

Austin R. 2013. 无人机系统——设计、开发与应用. 陈自力, 董海瑞, 江涛, 译. 北京: 国防工业出版社.

Avery TE, Burkhart HE. 2002. Forest Measurements. 5th ed. New York: Mcgraw-Hill.

Bai Y, Walsworth N, Roddan B, et al. 2005. Quantifying tree cover in the forest-grassland ecotone of British Columbia using crown delineation and pattern detection. Forest Ecology Management, 212: 92-100.

Ben-Arie JR, Hay GJ, Powers RP, et al. 2009. Development of a pit filling algorithm for Lidar canopy height models. Computers & Geosciences, 35(9): 1940-1949.

Bonabeau E. 2002. Agent-based modeling: methods and techniques for simulating human systems. Proceedings of the National Academy of Sciences of the United States of America, 99 (Suppl 3) 7280-7287.

Brandtberg T, Walter F. 1998. Automated delineation of individual tree crowns in high spatial resolution aerial images by multiple-scale analysis. Machine Vision and Applications, 11(2): 64-73.

Brandtberg T, Walter F, Hill DA, et al. 1999. An algorithm for delineation of individual tree crowns in high spatial resolution aerial images using curved edge segments at multiple scales. *In*: Automated Interpretation of High Spatial Resolution Digital Imagery for Forestry, International Forum. Victoria: Canadian Govt Publishing Centre.

Brandtberg T, Warner TA, Landenberger RE, et al. 2003. Detection and analysis of individual leaf–off tree crowns in small footprint, high sampling density lidar data from the eastern deciduous forest in North America. Remote Sensing of Environment, 85: 290–303.

Breidenbach J, Koch B, Kandler G, et al. 2008. Quantifying the influence of slope, aspect, crown shape and stem density on the estimation of tree height at plot level using lidar and InSAR data. International Journal of Remote Sensing, 29: 1511–1536.

Breidenbach J, Næsset E, Lien V, et al. 2010. Prediction of species specific forest inventory attributes using a nonparametric semi–individual tree crown approach based on fused airborne laser scanning and multispectral data. Remote Sensing of Environment, 114: 911–924.

Bunting P, Lucas R. 2006. The delineation of tree crowns in australian mixed species forests using hyperspectral compact airborne spectrographic imager (casi) data. Remote Sensing of Environment,101(2): 230–248.

Burton PJ. 1993. Some limitations inherent to static indices of plant competition. Canadian Journal of Forest Research, 23(10): 2141–2152.

Busing RTA, Mailly D. 2004. Advances in spatial, individual–based modelling of forest dynamics. Journal of Vegetation Science, 15 (6): 831–842.

Chen G, Hay GJ, St–Onge B. 2012. A GEOBIA framework to estimate forest parameters from LiDAR transects, Quickbirdimagery and machine learning: A case study in Quebec, Canada. International Journal of Applied Earth Observation & Geoinformation, 15(4): 28–37.

Chen Q, Baldocchi D, Gong P, et al. 2006. Isolating individual trees in a Savanna woodland using small footprint Lidar data. Photogrammetric Engineering & Remote Sensing, 72: 923–932.

Clark ML, Roberts DA, Clark DB. 2005. Hyperspectral discrimination of tropical rain forest tree species at leaf to crown scales. Remote Sensing of Environment, 96(3): 375–398.

Clutter JL, Fortson JC, Pienaar LV, et al. 1992. Timber Management: Aquantitative Approach. New York: John Wiley & Sons.

Cohen WB, Spies TA, Bradshaw GA. 1990. Semivariograms of digital imagery for analysis of conifer canopy structure. Remote Sensing of Environment, 34: 167–178.

Culvenor DS. 2000. Development of a tree delineation algorithm for application to high spatial resolution digital imagery of Australian native forest. Melbourne: University of Melbourne.

Culvenor DS. 2002. TIDA: an algorithm for the delineation of tree crowns in high spatial resolution remotely sensed imagery. Computers & Geosciences, 28(28): 33–44.

Daniels RF. 1976. Notes: simple competition indices and their correlation with annualLoblolly pine tree growth. Forest Science, 22(4): 454–456.

DeAngelis DL, Gross LJ. 1992. Individual–Based Models and Approaches in Ecology: Populations, Communities and Ecosystems. New York: Chapman & Hall.

Deluis M, Raventós J, Cortina J, et al. 1998. Assessing components of a competition index to predict growth in an even–aged *Pinus nigra* stand. New Forests, 15(3): 223–242.

Dralle K, Rudemo M. 1996. Stem number estimation by kernel smoothing of aerial photos. Canadian Journal of Remote Sensing, 26: 1228–1236.

Duncanson LI, Cook BD, Hurtt GC, et al. 2014. An efficient, multi–layered crown delineation algorithm for mapping individual tree structure across multiple ecosystems. Remote Sensing of Environment, 154: 378–386.

Ene L, Næsset E, Gobakken T. 2012. Single tree detection in heterogeneous boreal forests using airborne laser scanning and area–based stem number estimates. International Journal of Remote Sensing, 33(16): 5171–5193.

Erikson M. 2003. Segmentation of individual tree crowns in colour aerial photographs using region growing supported by fuzzy rules. Canadian Journal of Forest Research, 33: 1557–1563.

Erikson M, Olofsson K. 2005. Comparison of three individual tree crown detection methods. Machine Vision and Applications, 16(4): 258–265.

Fan J, Yau DKY, Elmagarmid AK, et al. 2001. Automatic image segmentation by integrating color–edge extraction and seeded region growing. IEEE Transactions on Image Processing, 10(10): 1454–1466.

Forzieri G, Guarnieri L, Vivoni ER, et al. 2009. Multiple attribute decision making for individual tree detection using high–resolution laser scanning. Forest Ecology Management, 258: 2501–2510.

Fransson JES, Walter F, Ulander LMH. 2000. Estimation of forest parameters using CARABAS–II VHF SAR data. IEEE Transactions on Geoscience and Remote Sensing, 38: 720–727.

Gama FF, Santos JR, Mura JC. 2010. Eucalyptus biomass and volume estimation using interferometric and polarimetric SAR data. Remote Sensing, 2: 939–956.

Getchell A. 2008. Agent–based modeling. Physics, 22(6): 757–767.

Gleason C, Im J. 2012. A fusion approach for tree crown delineation from Lidar data. Photogrammetric Engineering & Remote Sensing, 78: 679–692.

Gonzalez RC, Woods RE. 2007. Digital Image Processing. 3rd ed. Upper SaddleRiver: Pearson Prentice Hall.

Gougeon FA. 1995a. A crown–following approach to the automatic delineation of individualtree crowns in high spatial resolution aerial images. Canadian Journal of RemoteSensing, 21: 274–284.

Gougeon FA. 1995b. Comparison of possible multispectral classification schemes for tree crowns individually delineated on high spatial resolution meis images. Canadian Journal of Remote Sensing, 21(1): 1–9.

Gougeon FA, 1999. Automatic individual tree crown delineation using a valley–following algorithm and rule–based system. *In*: Hill DA, Leckie DG. Proceedings of the International Forum on Automated Interpretation of High Spatial Resolution Digital Imagery for Forestry. Victoria: 11–23.

Gougeon FA, Leckie DG. 1999. Forest regeneration: individual tree crown detectiontechniques for density and stocking assessment. *In*: Hill DA, Leckie DG. Proceedings of the International Forum on Automated Interpretation of High Spatial Resolution Digital Imagery for Forestry. Victoria: 169–178.

Gougeon FA, Leckie DG. 2006. The individual tree crown approach applied to Ikonos images of a coniferous plantation area. Photogrammetric Engineering & Remote Sensing, 72: 1287–1297.

Grimm V, Berger U, Bastiansen F, et al. 2006. A standard protocol for describing individual–based and agent–based models. Ecological Modelling, 198(1–2): 115–126.

Gupta S, Weinacker H, Koch B. 2010. Comparative analysis of clustering–based approaches for 3–D single tree detection using airborne fullwaveLidar data. Remote Sensing, 2: 968–989.

Hallberg B, Smith–Jonforsen G, Ulander LMH. 2005. Measurements on individual trees using multiple VHF SAR images. IEEE Transactions on Geoscience and Remote Sensing, 43: 2261–2269.

Harding DJ, Lefsky MA, Parker GG, et al. 2001. Laser altimeter canopy height profiles methods and validation for closed–canopy, broadleaf forests. Remote Sensing of Environment, 76: 283–297.

Hauglin M, Gobakken T, Astrup R, et al. 2014. Estimating single–tree crown biomass of norway spruce by airborne laser scanning: a comparison of methods with and without the use of terrestrial laser scanning to obtain the ground reference data. Forests, 5(3): 384–403.

Heenkenda MK, Joyce KE, Maier SW. 2014. Comparing digital object based approaches for mangrove tree crown delineation using WorldView–2 satellite imagery. South–Eastern

European Journal of Earth Observation and Geomatics, 3: 169–172.

Hegyi F. 1974. A simulation model for managing Jack–Pinestands. *In*: Fries J. Growth Models for Tree and Stand Simulation. Stockholm: Royal College of Forestry: 74–90.

Heinzel J, Koch B. 2012. Investigating multiple data sources for tree species classification in temperate forest and use for single tree delineation. International Journal of Applied Earth Observation and Geoinformation, 18: 101–110.

Heinzel J, Weinacker H, Koch B. 2011. Prior knowledge–based single–tree extraction. International Journal of Remote Sensing, 32: 4999–5020.

Hirata Y, Furuya N, Suzuki M, et al. 2009. Airborne laser scanning in forest management: Individual tree identification and laser pulse penetration in a stand with different levels of thinning. Forest Ecology Management, 258: 752–760.

Hirschmugl M, Ofner M, Raggam J, et al. 2007. Single tree detection in very high resolution remote sensing data. Remote Sensing of Environment, 110: 533–544.

Holopainen M, Kankare V, Vastaranta M, et al. 2013. Tree mapping using airborne, terrestrial and mobile laser scanning–A case study in a heterogeneous urban forest. Urban Forestry & Urban Greening, 12: 546–553.

Horváth P, Jermyn IH, Kato Z, et al. 2006. A higher–order active contour model of a 'gas of circles' and its application to tree crown extraction. Pattern Recognition, 42(5): 699–709.

Hu B, Li J, Jing L, et al. 2014. Improving the efficiency and accuracy of individual tree crown delineation from high–density Lidar data. International Journal of Applied Earth Observation and Geoinformation, 26: 145–155.

Hung C, Bryson M, Sukkarieh S. 2012. Multi–class predictive template for tree crown detection. ISPRS Journal of Photogrammetry & Remote Sensing, 68(3): 170–183.

Hyyppä J, Hyyppä H, Leckie D, et al. 2008. Review of methods of small–footprint airborne laser scanning for extracting forest inventory data in boreal forests. International Journal of Remote Sensing, 29: 1339–1366.

Hyyppä J, Inkinen M. 1999. Detecting and estimating attributes for single trees using laser scanner. Photogrammetric Journal of Finland, 16: 27–42.

Hyyppä J, Kelle O, Lehikoinen M, et al. 2001. A segmentation–based method to retrieve stem volume estimates from 3D tree height models produced by laser scanners. IEEE Transactions on Geoscience and Remote Sensing, 39: 969–975.

Hyyppä J, Mielonen T, Hyyppä H, et al. 2005. Using individualtree crown approach for forest volume extraction with aerial images and laser point clouds. *In*: Proceedingsof the International Archives of the Photogrammetry, Remote Sensing and Spatial Information

Sciences 36(3/W19). Enschede: 144–149.

Hyyppä J, Yu X, Hyyppä H, et al. 2012. Advances in forest inventory using airborne laser scanning. Remote Sensing, 4(5): 1190–1207.

Jaakkola A, Hyyppä J, Kukko A, et al. 2010. A low–cost multi–sensoral mobile mapping system and its feasibility for tree measurements. ISPRS Journal of Photogrammetry and Remote Sensing, 65: 514–522.

Jing L, Hu B, Noland T, et al. 2012. An individual tree crown delineation method based on multi–scale segmentation of imagery. ISPRS Journal of Photogrammetry and Remote Sensing, 70: 88–98.

Kaartinen H, Hyyppä J, Yu X, et al. 2012. An international comparison of individual tree detection and extraction using airborne laser scanning. Remote Sensing, 4: 950–974.

Kato A, Moskal LM, Schiess P, et al. 2009. Capturing tree crown formation through implicit surface reconstruction using airborne LiDAR data. Remote Sensing Environment, 113: 1148–1162.

Ke Y. 2009. Investigation of automated forest inventory analysis using remote sensing techniques. New York: PhD dissertation of State University of New York.

Ke Y. Quackenbush LJ. 2007. Forest species classification and tree crown delineationusing QuickBird imagery. In Proceedings of the 2007 ASPRS Annual Conference. Tampa.

Ke Y, Quackenbush LJ. 2011a. A review of methods for automatic individual tree crown detection and delineation from passive remote sensing. International Journal of Remote Sensing,32: 4725–4747.

Ke Y, Quackenbush LJ. 2011b. A comparison of three methods for automatic tree crown detection and delineation from high spatial resolution imagery. International Journal of Remote Sensing, 32(13): 3625–3647.

Ke Y, Zhang W, Quackenbush LJ. 2010. Active contour and hill climbing for tree crown detection and delineation. Photogrammetric Engineering and Remote Sensing, 76 (10): 1169–1181.

Kenkel NC. 1988. Pattern of self–thinning in Jack pine: testing the random mortality hypothesis. Ecology, 69: 017–1024.

Koch B, Kattenborn T, Straub C, et al. 2014. Segmentation of forest to tree objects. *In*: Maltamo M, Næsset E, Vauhkonen J. Forestry Applications of Airborne Laser Scanning. Dordrecht: Springer.

Kohyama T, Takada T. 2009. The stratification theory for plant coexistence promoted by one–sided competition. Journal of Ecology, 97(3): 463–471.

Kononov AA, Ka M. 2008. Model-associated forest parameter retrieval using VHF SAR data at the individual tree level. IEEE Transactions on Geoscience and Remote Sensing, 46: 69–84.

Korpela IS, Anttila P, Pitkänen J. 2006. The performance of a local maxima method for detecting individual tree tops in aerial photographs. International Journal of Remote Sensing, 27(6): 1159–1175.

Lamar WR, Mcgraw JB, Warner TA. 2005. Multitemporal censusing of a population of eastern hemlock (tsuga canadensis, l.) from remotely sensed imagery using an automated segmentation and reconciliation procedure. Remote Sensing of Environment, 94(1): 133–143.

Larsen M. 1997. Crown modeling to find tree top positions in aerial photographs. *In*: Proceedings of the 3rd International Airborne Remote Sensing Conference and Exhibition. Denmark: 428–435.

Larsen M. 1999a. Finding an optimal match window for spruce top detection based on anoptical tree model. *In*: Hill DA, Leckie DG. Proceedings of the International Forum on Automated Interpretation of High Spatial Resolution Digital Imagery for Forestry. Victoria: 55–63.

Larsen M. 1999b. Individual tree top position estimation by template voting. *In*: Proceedings of the 4th International Airborne Remote Sensing Conference and Exhibition – 21st Canadian Symposium on Remote Sensing. Ottawa: II–83–II–90.

Larsen M. 1999c. Jittered match windows voting for tree top positions in aerial photographs. *In*: Proceedings of the 11th Scandinavian Conference on Image Analysis. Greenland: 889–894.

Laurin, GV, Chen Q, Lindsell JA, et al. 2014. Above ground biomass estimation in an african tropical forest with lidar and hyperspectral data. ISPRS Journal of Photogrammetry & Remote Sensing, 89(26): 49–58.

Leckie D, Gougeon F, Hill D, et al. 2003b. Combined high-density lidar and multispectral imagery for individual tree crown analysis. Canadian Journal of Remote Sensing, 29: 1–17.

Leckie DG, Beaubien J, Gibson JR, et al. 1995. Data processing and analysis for mifucam: a trial of meis imagery for forest inventory mapping. Canadian Journal of Remote Sensing, 21(3): 337–356.

Leckie DG, Gougeon FA, Tinis S, et al. 2005. Automated tree recognition in old growth conifer stands with high resolution digital imagery. Remote Sensing of Environment, 94(3): 311–326.

Leckie DG, Gougeon FA, Walsworth N, et al. 2003a. Stand delineationand composition estimation using semi-automated individual tree crown analysis. Remote Sensing of Environment, 85: 355–369.

Leckie DG, Jay C, Gougeon FA, et al. 2004. Detection and assessment of trees with phellinus weirii (laminated root rot) using high resolution multi-spectral imagery. International Journal of Remote Sensing, 25(4): 793–818.

Lee AC, Lucas RM. 2007. A LiDAR–derived canopy density model for tree stem and crown mapping in Australian forests. Remote Sensing of Environment, 111: 493–518.

Lefsky MA, Hudak AT, Cohen WB, et al. 2005. Patterns of covariance between forest stand and canopy structure in the Pacific Northwest. Remote Sensing of Environment, 95: 517–531.

Lenzano MG, Lannutti E, Toth C, et al. 2014. Assessment of ice–dam collapse by time-lapse photos at the Perito Moreno Glacier Argentina. The International Archives of the Photogrammetry, Remote Sensing and Spatial Information Sciences, XL–1: 11–217.

Lett C, Silber C, Barret N. 1999. Comparison of a cellular automata network and an individual-based model for the simulation of forest dynamics. Ecological Modelling,121(2–3): 277–293.

Li W, Guo Q, Jakubowski MK, et al. 2012. A new method for segmenting individual trees from the lidar point cloud. Photogrammetric Engineering & Remote Sensing, 78(1): 75–84.

Li Z, Hayward R, Zhang J, et al. 2008. Individual tree crown delineation techniques for vegetation management in power Line Corridor. *In*: Proceedings of 2008 Digital Image Computing: Techniques and Applications. Canberra: 148–154.

Liang X, Litkey P, Hyyppä J, et al. 2012. Automatic stem mapping using single–scan terrestrial laser scanning. IEEE Transctions on Geoscience and Remote Sensing, 4: 661–670.

Lillesand TM, Kiefer RW, Chipman JW. 2016. 遥感与图像解译. 彭望琭等, 译. 北京: 电子工业出版社.

Lin Y, Jiang M, Yao Y, et al. 2015. Use of uav oblique imaging for the detection of individual trees in residential environments. Urban Forestry & Urban Greening, 14(2): 404–412.

Liu J, Ashton PS. 1995. Individual–based simulation models for forest succession and management. Forest Ecology and Management, 73(1–3): 157–175.

Liu T, Im J, Quackenbush L. 2015. A novel transferable individual tree crown delineation model based on Fishing Net Dragging and boundary classification. ISPRS Journal of Photogrammetry and Remote Sensing, 110: 34–47.

Lu X, Guo Q, Li W, et al. 2014. A bottom–up approach to segment individual deciduous trees using leaf–off lidar point cloud data. ISPRS Journal of Photogrammetry & Remote Sensing, 94(4): 1–12.

Mallet C, Bretar F. 2009. Full–waveform topographic lidar: state–of–the–art. ISPRS Journal of Photogrammetry & Remote Sensing, 64(1): 1–16.

Mallinis G, Mitsopoulos I, Stournara P, et al. 2013. Canopy fuel load mapping of mediterraneanpine sites basedon individual tree–crown delineation. Remote Sensing, 5:

6461–6480.

Mehnert A, Jackway P. 1997. An improved seeded region growing algorithm. Pattern Recognition Letters, 18(10): 1065–1071.

Melon P, Martinez JM, Toan TL, et al. 2001. On the retrieving of forest stem volume from VHF SAR data: observation and modeling. IEEE Transactions on Geoscience and Remote Sensing, 39: 2364–2372.

Meyer F, Beucher S.1990. Morphological segmentation. Journal of Visual Communication and Image Representation, 1: 21–46.

Miller TE, Weiner J. 1989. Local density variation may mimic effects of asymmetric competition on plant size variability. Ecology, 70(4): 1188–1191.

Moore JA, Budelsky CA, Schlesinger RC. 1973. A new index representing individual tree competitive status. Canadian Journal of Forest Research, 3(4): 495–500.

Morsdorf F, Meiera E, Kötza B, et al. 2004. LIDAR–based geometric reconstruction of boreal type forest stands at single tree level for forest and wildland fire management. Remote Sensing of Environment, 92: 353–362.

Munro DD. 1974. Forest growth models–aprognosis. *In*: Fries J. Growth Models for Tree and Stand Simulation. Stockholm: Royal College of Forestry: 7–21.

Niblack W. 1986. An introduction to digital image processing. Englewood Cliffs: Prentice–Hall.

Otsu N. 1979. A threshold selection method from gray–level histograms. IEEE Transactions on Systems Man & Cybernetics, 9(1): 62–66.

Perrin G, Descombes X, Zerubia J. 2005. A marked point process model for tree crown extraction in plantations. IEEE International Conference on Image Processing , 1: 661–664.

Perry DA. 1985. The Competition Process in Forest Stands. *In*: Cannell MGR, Jackson JE. Attributes of Trees as Crop Plants. Abbotts Ripton: Institute of Terrestrial Ecology: 481–504.

Piktänen J. 2001. Individual tree detection in digital aerial images by combining locally adaptive binarization and local maxima methods. Canadian Journal of Forest Research, 31: 832–844.

Pinz A. 1999b. Tree isolation and species classification. *In*: Hill DA, Leckie DG. Proceedings of the International Forum on Automated Interpretation of High Spatial Resolution Digital Imagery for Forestry. Victoria: 127–139.

Pitt DG, Glover GR. 1993. Large–scale 35–mm aerial photographs for assessment of vegetation–management research plots in eastern Canada. Canadian of Journal of Forest Research, 23: 2159–2169.

Pollock RJ. 1996. The automatic recognition of individual trees in aerial images of forestsbased on a synthetic tree crown model. Vancouver: PhD dissertation of University of British

Columbia.

Pollock RJ. 1999. Individual tree recognition based on a synthetic tree crown image model. *In*: Hill DA, Leckie DG. Proceedings of the International Forum on Automated Interpretation of High Spatial Resolution Digital Imagery for Forestry. Victoria: 25–34.

Popescu SC. 2007. Estimating biomass of individual pine trees using airborne lidar. Biomass Bioenergy, 31: 646–655.

Popescu SC, Zhao K. 2008. A voxel–based lidar method for estimating crown base height for deciduous and pine trees. Remote Sensing of Environment, 112(3): 767–781.

Pouliot D, King D. 2005. Approaches for optimal automated individual tree crown detection in regenerating coniferous forests. Canadian Journal of Remote Sensing, 31(3): 255–267.

Pouliot DA, King DJ. Bell FW, et al. 2002. Automated tree crown detection and delineation in high–resolution digital camera imagery of coniferous forest regeneration. Remote Sensing of Environment, 82(2–3): 322–334.

Pouliot DA, King DJ, Pitt DG. 2005. Development and evaluation of an automated tree detection–delineation algorithm for monitoring regenerating coniferous forests. Canadian of Journal of Forest Research, 35: 2332–2345.

Pretzsch H, Biber P, Ďurský J. 2002. The single tree–based stand simulator SILVA: construction, application and evaluation. Forest Ecology and Management, 162(1): 3–21.

Pugh ML. 2005. Forest terrain feature characterization using multi–sensor neural image fusion and feature extraction methods. New York: PhD dissertation of State University of New York College.

Quackenbush LJ, Hopkins PF, Kinn GJ. 2000. Using template correlation to identifyindividual trees in high resolution imagery. *In*: Proceedings of the 2000 ASPRS Annual Conference. Washington.

Reitberger J, Schnörr C, Krzystek P, et al. 2009. 3D segmentation of single trees exploiting full waveform lidar data. ISPRS Journal of Photogrammetry & Remote Sensing, 64(6): 561–574.

Rouvinen S, Kuuluvainen T. 1997. Structure and asymmetry of tree crowns in relation to local competition in a natural mature Scots Pine forest. Canadian Journal of Forest Research, 27(6): 890–902.

SAS Institute Inc. 2011. SAS/STAT 9.3 User's Guide. Cary: SAS Institute.

Schulze ED, Chapin FS III. 1987. Plant Speciation to Environments of Different Resource Availability. *In*: Schulze ED, Zwölfer H. Potentials and Limitations of Ecosystem Analysis. Berlin: Springer–Verlag: 120–148.

Schwinning S, Weiner J. 1998. Mechanisms determining the degree of size asymmetry in competition among plants. Oecologia, 113 (4): 447–455.

Sheng Y, Gong P, Biging GS. 2001. Model–based conifer crown surface reconstructionfrom high–resolution aerial images. Photogrammetric Engineering and Remote Sensing,67: 957–965.

Shi H, Zhang L. 2003. Local analysis of tree competition and growth. Forest Science, 49(6): 938–955.

Shih FY, Cheng S. 2005. Automatic seeded region growing for color image segmentation. Image and Vision Computing, 23(10): 877–886.

Solberg S, Astrup R, Gobakken T, et al. 2010. Estimating spruce and pine biomass with interferometric X–band SAR. Remote Sensing of Environment, 114: 2353–2360.

Solberg S, Naesset E, Bollandsas OM. 2006. Single tree segmentation using airborne laser scanner data in a structurally heterogeneous Spruce forest. Photogrammetric Engineering and Remote Sensing, 72(12): 1369–1378.

Song C, Woodcock CE. 2003. Estimating tree crown size from multiresolution remotely sensed imagery. Photogrammetric Engineering and Remote Sensing, 69: 1263–1270.

Spurr SH. 1962. A measure of point density. Forest Science, 8: 85–96.

Stiteler WMIV, Hopkins PF. 2000. Using genetic algorithms to select tree crowntemplates for finding trees in digital imagery. *In*: Proceedings of the 2000 ASPRS AnnualConference. Washington.

Strîmbu VF, Strîmbu BM. 2015. A graph–based segmentation algorithm for tree crown extraction using airborne lidar data. ISPRS Journal of Photogrammetry & Remote Sensing, 104: 30–43.

Suarez JC, Ontiveros C, Smith S, et al. 2005. Use of airborne lidar and aerial photography in the estimation of individual tree heights in forestry. Computers & Geosciences, 31(2): 253–262.

Tochon G, Féret JB, Valero S, et al. 2015. On the use of binary partition trees for the tree crown segmentation of tropical rainforest hyperspectral images. Remote Sensing of Environment, 159: 318–331.

Toth C, Józ′ków G. 2016. Remote Sensing platforms and sensors: A survey. ISPRS Journal of Photogrammetry and Remote Sensing, 115: 22–36.

Tucker RP, Viereck C, Matus AI. 2006. Accuracy of interpolation techniques for the derivation of digital elevation models in relation to landform types and data density. Geomorphology, 77(1): 126–141.

Uuttera J, Haara A, Tokola T, et al. 1998. Determination of the spatial distribution of trees from digital aerial photographs. Forest Ecology & Management, 110(1): 275–282.

Van Leeuwen M, Coops NC, Wulder MA. 2010. Canopy surface reconstruction from a LiDAR point cloud using Hough transform. Remote Sensing Letters, 1: 125–132.

Varekamp C, Hoekman DH. 2002. High–resolution InSAR image simulation for forest canopies. IEEE Transactions on Geoscience and Remote Sensing, 40: 1648–1655.

Vauhkonen J, Korpela I, Maltamo M, et al. 2010. Imputation of single–tree attributes using airborne laser scanning–based height, intensity, and alpha shapemetrics. Remote Sensing of Environment, 114: 1263–1276.

Vauhkonen J, Seppänen A, Packalén P, et al. 2012. Improving species–specific plot volume estimates based on airborne laser scanning and image data using alpha shape metrics and balanced field data. Remote Sensing of Environment, 124(124): 534–541.

Vauhkonen J, Tokola T, Maltamo M, et al. 2008. Effects of pulse density on predicting characteristics of individual trees of Scandinavian commercial species using alpha shape metrics based on airborne laser scanning data. Canadian Journal of Remote Sensing, 34: S441–S459.

Vauhkonen J, Tokola T, Packalén P, et al. 2009. Identification of Scandinavian commercial species of individual trees from airborne laser scanning data using alpha shape metrics. Forest Science, 55: 37–47.

Walsworth NA, King DJ. 1999. Image modelling of forest changes associated with acid mine drainage. Computers & Geosciences, 25(5): 567–580.

Wang L. 2010. A multi–scale approach for delineating individual tree crowns with very high resolution imagery. Photogrammetric Engineering & Remote Sensing, 76: 371–378.

Wang L, Gong P, Biging GS. 2004. Individual tree–crown delineation and treetop detection in high–spatial–resolution aerial imagery. Photogrammetric Engineering & Remote Sensing, 70: 351–357.

Wang Y, Weinacker H, Koch B. 2008. A Lidar point cloud based procedure for vertical canopy structure analysis and 3D single tree modeling in forest. Sensors, 3938–3950.

Weinacker H, Koch B, Heyder U, et al. 2004. Development of filtering, segmentation and modelling modules for lidar and multispectral data as a fundament of an automatic forest inventory system. ISPRS Journal of Photogrammetry & Remote Sensing, 36(8): 50–55.

Wu B, Yu B, Yue W, et al. 2013. A voxel–based method for automated identification and morphological parameters estimation of individual street trees from mobile laser scanning data. Remote Sensing, 5: 581–611.

Wulder M, Niemann KO, Goodenough DG. 2000. Local maximum filtering for the extraction of tree locations and basal area from high spatial resolution imagery. Remote Sensing of

Environment, 73, 103–114.

Wulder MA, White JC, Nelson RF, et al. 2012. Lidar sampling for large–area forest characterization: A review. Remote Sensing of Environment, 121: 196–209.

Yu X, Hyyppä J, Kaartinen H, et al. 2004. Automatic detection of harvested trees and determination of forest growth using airborne laser scanning. Remote Sensing of Environment, 90: 451–462.

Zhang L, Ma Z, Guo L. 2009. An evaluation of spatial autocorrelation and heterogeneity in the residual of six regression models. Forest Science,55(6): 533–548.

Zhang W, Ke Y, Quackenbush LJ, et al. 2010. Using error–in–variable regression to predict tree diameter and crown width from remotely sensed imagery. Canadian Journal Forest Research, 40: 1095–1108.

Zhao D, Kane M, Borders BE. 2010. Development and applications of the relative spacing model for Loblolly Pine plantations. Forest Ecology and Management, 259(10): 1922–1929.

Zhen Z, Quackenbush LJ, Stehman SV, et al. 2015. Agent–based region growing for individual tree crown delineation from airborne laser scanning (ALS) data. International Journal of Remote Sensing, 36: 1965–1993.

Zhen Z, Quackenbush LJ, Zhang LJ. 2014. Impact of tree–oriented growth order in marker–controlled region growing for individual tree crown delineation using airborne laser scanner (ALS) data. Remote Sensing, 6: 555–579.

Zhong R, Wei J, Su W, et al. 2013. A method for extracting trees from vehicle–borne laser scanning data. Mathematical and Computer Modelling,58 (3–4): 733–742.